市场监督管理工作手册

计量监督管理

《计量监督管理》编委会◎编著

中国质量标准出版传媒有限公司

中国标准出版社

北　京

图书在版编目（CIP）数据

计量监督管理/《计量监督管理》编委会编著.
北京：中国质量标准出版传媒有限公司，2024.8.
（市场监督管理工作手册）.--ISBN 978-7-5026-5387
-3

Ⅰ.TB9-65

中国国家版本馆 CIP 数据核字第 2024Y0D843 号

中国质量标准出版传媒有限公司
中　国　标　准　出　版　社　　出版发行

北京市朝阳区和平里西街甲 2 号（100029）
北京市西城区三里河北街 16 号（100045）
网址：www.spc.net.cn
总编室：（010）68533533
发行中心：（010）51780238
读者服务部：（010）68523946
中国标准出版社秦皇岛印刷厂印刷
各地新华书店经销
＊
开本 787×1092 1/16　印张 16　字数 267 千字
2024 年 8 月第一版　　2024 年 8 月第一次印刷
＊
定价 72.00 元

编委会

主　　编　刘坦飞

副 主 编　林景星　　于燕茹

编写人员（按姓氏笔画排序）

邓梦曦　　叶福钰　　乔翠玲

杨勇涛　　吴丽娜　　洪　潮

章　胜　　董金文

支持单位　天津市市场监督管理委员会

内蒙古自治区市场监督管理局

黑龙江省市场监督管理局

浙江省市场监督管理局

安徽省市场监督管理局

福建省市场监督管理局

四川省市场监督管理局

陕西省市场监督管理局

甘肃省市场监督管理局

新疆维吾尔自治区市场监督管理局

前言
Foreword

为完善市场监管体制，推动实施质量强国战略，营造诚实守信、公平竞争的市场环境，进一步推进市场监管综合执法、加强产品质量安全监管，2018 年 3 月国家市场监督管理总局组建。六年多来，市场监管工作不断顺应世界经济形势的新变化，顺应社会主义市场经济的新发展，顺应人民群众对提高生活质量的新期待，大力推进工作改革创新，工商、质量监督、食药监、知识产权等业务融合发展，初步建立了具有中国特色的市场监管工作体系，充分展示了市场监管工作在经济社会发展中的重要作用。

市场监管工作具有涉及专业门类广泛、专业技术性强、社会敏感度高、综合管理职能重等特点，这对从事市场监管工作人员的专业知识和综合能力有较高要求。为了帮助相关领域人员全面了解市场监管工作，掌握相关知识，经国家市场监督管理总局批准，中国标准出版社组织编纂出版了"市场监督管理工作手册"丛书（以下简称"手册"）。我们希望手册的出版能够明确基层市场监管工作内容职责，推动基层市场监管工作规范化，促进市场监管基层工作水平提高。

手册根据市场监管工作主要职能，分为《行政执法》《登记注册》《价格监督检查和反不正当竞争》《网络交易监督管理》《广告监督管理》《质量发展与产品质量监督》《食品生产环节安全监管》《食品经营环节安全监管》《特种设备安全监管》《计量监督管理》《标准化管理》《检验检测与认证监管》《知识产权监督管理》《消费者权益保护指导》《市场监管所业务工作指引》等 15 个分册。主要介绍本领域的主要职责、管理体制、基本概念；涉及的法律法规、标准与技术规范、国务院部门规章及相关政策；管理工作的职责内容、工作方法、工作手段，相应工作程序、案例，以及工作中常见问题的解决方法；工作人员应具备的技术能力、工作准则规范及管理制度；工作中经常用到的文书、表格、单证等。手册内容力求将市场监管工作理论与实践相结合，突出操作性、指导性和实用性，以满足市场监管业务的实践需求。

本分册主要介绍了计量监督管理工作，内容共九章，第一章为概述，第二章为法定计量单位，第三章为计量器具与量值传递、量值溯源，第四章为计量器具监督管理，第五章为计量技术机构监督管理，第六章为计量专业技术人员监督管理，第七章为商品量计量监督管理，第八章为能源计量审查与能效标识、水效标识监督检查，第九章为测量数据处理与不确定度。

手册的编纂出版得到了国家市场监督管理总局和各地市场监管部门的大力支持。手册的编写由各地市场监管部门奋斗在工作一线的业务骨干承担。他们中既有相关职能部门的负责同志，也有关键技术岗位的工作人员，还有重大科研项目的技术骨干。他们在完成本职工作的同时，不辞辛苦，承担了大量的组织、撰稿以及审定工作。国家市场监督管理总局各相关业务司局对书稿进行了最终审核，对稿件内容的准确性、权威性、专业性进行了把关。在此，我们一并表示衷心的感谢！

编著者

2024 年 4 月 30 日

目录

Contents

第一章　概　述 / 1

第一节　计量的概念和基本特征 / 1

第二节　计量工作内容和作用 / 3

第三节　计量法律法规体系 / 6

第四节　计量技术规范体系 / 14

第五节　计量监督管理体系 / 16

第二章　法定计量单位 / 21

第一节　法定计量单位的构成 / 21

第二节　法定计量单位的使用 / 25

第三章　计量器具与量值传递、量值溯源 / 35

第一节　计量器具 / 35

第二节　量值传递与量值溯源 / 40

第三节　计量检定与校准 / 46

第四节　计量比对 / 51

第四章　计量器具监督管理 / 53

第一节　计量标准监督管理 / 53

第二节　计量检定监督管理 / 61

第三节　仲裁检定与计量调解 / 73

第四节　计量器具产品监督管理 / 78

第五节　重点领域计量监督管理 / 96

第五章　计量技术机构监督管理 / 106

　　第一节　法定计量检定机构监督管理 / 106

　　第二节　计量校准机构监督管理 / 116

　　第三节　产业计量测试中心建设 / 121

第六章　计量专业技术人员监督管理 / 135

　　第一节　注册计量师监督管理 / 135

　　第二节　计量考评员监督管理 / 149

第七章　商品量计量监督管理 / 164

　　第一节　零售商品称重计量监督管理 / 164

　　第二节　定量包装商品计量监督管理 / 168

　　第三节　其他商品量计量监督管理 / 176

第八章　能源计量审查与能效标识、水效标识监督检查 / 178

　　第一节　能源计量审查 / 178

　　第二节　能效标识、水效标识监督检查 / 202

第九章　测量数据处理与不确定度 / 221

　　第一节　测量结果数值修约 / 221

　　第二节　测量结果的计算 / 223

　　第三节　测量不确定度评定 / 226

　　第四节　测量结果及其不确定度的表示 / 242

参考文献 / 245

第一章

概 述

计量是人类认识世界、改造世界的重要工具。《孟子·离娄上》记载:"不以规矩,不能成方圆。"这个道理,我们祖先在两千多年前就已懂得,那时候就已经讲求计量标准了。科技要发展,计量须先行。科学技术发展到今天,计量发展水平已经成为国家核心竞争力的重要标志之一,在党和国家工作大局中具有基础性、战略性地位。在现代治理体系中,计量是推动高质量发展、提高国家治理效能、实现社会主义现代化强国的重要保障,是构建一体化国家战略体系和能力的重要支撑,关系国计民生。无论是工农业生产、国防建设、科学实验,还是国内外贸易、医疗卫生、安全防护、环境监测、能源资源管理等工作都离不开计量。计量工作为推动科技创新、产业发展和国防建设,保护国家和广大消费者的利益,发挥着极其重要的作用。

第一节 计量的概念和基本特征

一、计量的概念

计量是实现单位统一,保证量值准确可靠的活动,是关于测量及其应用的科学。

计量的概念是随着社会生产的发展逐渐形成的。原始社会晚期,当出现商品交换、分配等社会性活动后,人们迫切需要测量物体的长短、容积和轻重,计量应运而生。在古代中国,计量称为"度量衡",其原始含义就是指人们最需要测量的三个物理量:长度、容积和重量(质量),对应使用的主要器具为尺、斗、秤。

最初的测量，方法是原始的，工具是随意的，主要是用人体的某一部位或其他的天然物品，作为测量工具，如"布手知尺""过步定亩""滴水计时"等方法来进行测量活动。随着社会生产力的发展和科学技术的进步，人们越来越需要精准的测量工具和强制的管理手段来得到准确可靠的定量比较。为此，就需要以法定的形式确定统一的测量单位、测量工具、测量程序和测量方法，实现测量数据的准确可靠，使测量结果具有社会应用价值，这种活动就是计量。

计量源于测量而又严于测量，它涉及整个测量领域，并按法律规定对整个测量领域起指导、监督、保证和仲裁作用。

二、计量的基本特征

计量是技术和监督管理的结合体。计量的技术行为通过准确的测量来体现，计量的监督管理行为通过实施法制管理来实现。从计量监督管理的角度讲，计量具有以下基本特征。

1. 统一性

统一和一致是开展计量活动的根本目的，是计量最本质的特征。具体体现在计量单位的统一和量值的统一，计量单位的统一是量值统一的重要前提，量值统一是对计量活动的最基本要求。统一性还体现在对全国计量工作实施统一的监督管理。

2. 准确性

计量的统一性只有建立在准确性的基础上才有意义。计量监督管理的最终目的是实现测量数据的准确可靠。计量科学技术研究的目的是要达到所预期的某种准确度。所谓准确度其实表示的是不准确的程度，是指在一定的不确定度、测量误差极限或允许误差范围内的准确。

3. 溯源性

溯源性是确保单位统一和量值准确可靠的重要途径。溯源性指任何一个测量结果或计量标准的量值，都能通过一条具有规定不确定度的连续的比较链，与计量基准联系起来。

4. 法制性

计量的社会性决定了计量的法制性。计量活动必须通过立法予以保障。我国对计量工作实行法制管理，已建立了完整的计量法律法规体系、计量监督管理体系来保证计量的统一性、准确性、溯源性。

5. 权威性

计量的法制性强化了计量的权威性。通过法律、法规和行政管理等法制手段，我国建立了一套具有高度权威性的计量监督管理系统。例如，计量检定合格印证是对被检计量器具计量性能认可的最终体现，处理计量纠纷要以国家计量基准或者社会公用计量标准检定、测试的数据为准。

6. 技术性

计量是一项技术性很强的工作，计量监督管理的技术性特征特别明显。为了保证计量结果准确可靠，从单位制的统一，到计量基准、标准的建立，再到量值传递与量值溯源关系的形成，都必须有计量技术力量和技术手段为计量监督管理提供技术支撑。

第二节　计量工作内容和作用

一、计量的分类

计量按不同角度可进行不同分类。当前，国际上趋向于把计量按社会功能分为科学计量、工业计量（工程计量）和法制计量三大类，分别代表计量的基础、应用和管理三个方面。这三大类计量之间不是互相割裂的，是你中有我、我中有你的相互依存关系，仅是角度和侧重点不同而已。

1. 科学计量

科学计量是指基础性、探索性、前沿性的计量科学技术研究，是工业计量和法制计量的基础。其主要任务是用最新的科技成果来精确地定义与实现计量单位，并为最新的科技发展提供可靠的测量基础。科学计量通常是计量科学研究机构，特别是国家级计量科学研究机构的主要任务，具体包括：计量单位与单位制的研究、计量基准与计量标准的研制、物理常量与精密测量技术的研究、量值传递与量值溯源系统的研究、量值比对方法与测量不确定度的研究等。

按照被测量参量的性质，科学计量逐步形成了几何量（亦称长度）、力学、温度、电磁学、光学、声学、无线电（亦称电子）、时间频率、电离辐射（亦称放射性）和化学（亦称物理化学）等十大计量领域，并正向其他新领域扩展。

2. 工业计量

工业计量也称工程计量，是指为获得准确可靠的测量数据以满足各种工程和工业企业生产、经营要求而进行的各项计量活动。工业计量管理是国家整体计量管理工作中的一个重要组成部分，是企业生产和经营管理中一项不可缺少的重要技术基础，它包括工业、企业、工程中有关能源及材料消耗测试、材质分析测试、生产工艺流程监控测试及产品质量与性能测试等多种计量测试。

3. 法制计量

所谓法制计量，广义地说，就是对计量工作依法进行监督管理，具体地讲，是为了保护国家或人民免受不准确或不诚实测量所造成的危害，由法律或政府计量机构调整的所有计量活动的总称。在包括我国在内的绝大多数国家，法制计量具有统领计量工作的职能作用。法制计量内容主要涉及计量立法、计量器具的控制和测量结果的监督管理。计量立法包括国家计量法的制定，各种计量法规和规章的制定，以及各种技术法规的制定。计量器具的控制包括型式批准、检定、校准、比对等。测量结果的监督管理包括对计量实验室的法定要求、对实验室的计量认证、计量标准考核、商品量监督管理等。从实际工作来看，法制计量的监督管理领域主要是那些有利益冲突而需要保护或干预，以及测量结果需要予以特别关注或特殊信任者，包括贸易结算、安全防护、医疗卫生、生态环境监测等，有关的计量器具包括加油机、出租汽车计价器、电能表、水表、燃气表、机动车测速仪、呼出气体酒精含量检测仪、体温计、血压计、声级计等。

二、计量工作内容

计量工作主要包括计量科学技术研究、量值保证体系建设、计量应用与服务、计量监督管理和计量软实力建设等方面。其具体内容是：制修订和贯彻执行计量法律法规和规章制度；制订实施计量工作发展规划；统一实行并推行国家法定计量单位；研究计量科技基础及前沿技术；研究测量理论、测量技术、量值传递和溯源方法；建立计量基准、计量标准和标准物质；组织量值传递和量值溯源；组织计量比对；强化计量应用，建设产业计量中心、碳计量中心、计量数据应用基地；监督管理计量器具和商品量；组织仲裁检定，调解计量纠纷；监督管理计量技术机构和专业技术人员；开展能源资源计量管理；推进诚信计量；推广计量文化，开展计量宣传；参与国际计量交流合作等。

三、计量工作的作用

计量起源于贸易交换，成型于现代工业，发展于科研和国防，已经普遍应用在社会生产生活各个领域，在国家治理、科技创新、经济社会发展和国防建设中的作用无可替代。离开了计量，科研就无法进行，质量就难以控制，交易就失去公平，生活的方方面面都会因计量的缺失而被打乱，国家和公众利益当然也会严重受损。

1. 计量是巩固政权的重要工具

计量属国家公权力的重要范畴，统一的计量制度是现代国家政权统一、政令畅通的标志之一，也是国家主权意志行使的表现。据统计，全球有 40 多个国家和地区把计量写入宪法，作为中央事权和统一管理国家的基本要求。可见，很多国家都把计量作为与货币同等重要的地位列为国家重要的管理范畴。可以说，计量从来都是国家的事情，必须由国家来进行统一管理。

2. 计量是科技创新的重要基础

计量的每一次飞跃，都给科学技术创新、科学仪器进步和相关领域测量的拓展带来巨大推动力量，历史上的三次技术革命都是以计量测试技术的突破为前提的。现代计量技术的成就，推动了技术创新和产业发展，提高了产品的质量，高准确度的测量已成为整个生产和工艺过程控制不可缺少的环节。随着产业升级发展，越是涉及高精尖领域，计量的基础作用就体现得越重要、越明显。

3. 计量是经济发展的重要保障

自古以来，量值统一就是经济交往的前提和基础，计量测试是经济发展的技术手段，计量监督管理是维护经济秩序的重要方式。现代经济发展更离不开计量，计量已成为经济发展的重要技术保障。在现代经济交往中，必须经过计量才能实现的贸易超过 80%。工业化国家的测量活动对其国内生产总值（GDP）的贡献达4%～6%，计量的投入效益比在 1∶5 以上，最高可达 1∶37。

4. 计量是社会管理的重要内容

计量是维持社会秩序的重要手段和实现贸易公平的重要方式。例如，通过准确的计量，在贸易结算方面，推动了公平交易；在医疗健康方面，提高了诊断准确率；在安全保护方面，保障了劳动者人身健康与生命财产安全；在环境监测方面，减少了环境污染。可以说计量是构建和谐社会的重要管理内容，对社会生活的整体影响是无法估量的。

5. 计量是国防建设的重要支撑

国防计量基础能力建设事关国家核心利益。计量技术已广泛应用于先进武器制造和军事技术，直接关系到一场战争的成败。比如，依仗先进的时间计量技术，将导航、激光制导等先进技术应用于战略和战术导弹之中，实现远程精准打击能力，对大国间核威慑以及现代化战争中获得战争主动权至关重要。

第三节　计量法律法规体系

一、我国计量法律法规体系的构成

我国已形成了以《中华人民共和国计量法》（以下简称《计量法》）及《中华人民共和国计量法实施细则》（以下简称《计量法实施细则》）为核心的计量法律法规体系，主要包括计量法律 1 部，计量行政法规 6 件，国务院计量行政部门规章18件，部分省、自治区、直辖市及较大的市发布的地方性计量法规、地方政府计量规章30余件。按照审批的权限、程序和效力的不同，我国计量方面的法律、行政法规、国务院部门规章、地方性法规、地方政府规章可分为三个层次：第一层次是计量法律，第二层次是计量行政法规，第三层次是国务院计量行政部门规章和地方性计量法规、地方政府计量规章（如表1-1所示）。此外，国务院计量行政部门以及县级以上地方人民政府计量行政部门制定的行政规范性文件（如市场监管总局《关于发布〈注册计量师注册管理规定〉的公告》），是计量法律法规体系的有效延伸和重要补充。

表1-1 我国的计量法律法规体系

层次	名称	制定机关	举例
1	计量法律	全国人民代表大会及其常务委员会	《计量法》
2	计量行政法规	国务院	《计量法实施细则》
3	国务院计量行政部门规章	国务院计量行政部门	《计量标准考核办法》
	地方性计量法规	省、自治区、直辖市和较大的市的人民代表大会及其常务委员会	《上海市计量监督管理条例》
	地方政府计量规章	省、自治区、直辖市和较大的市的人民政府	《北京市计量监督管理规定》

注：根据《中华人民共和国立法法》，"较大的市"包括省、自治区的人民政府所在地的市，经济特区所在地的市和经国务院批准的较大的市这三类城市。

我国的计量法律、计量行政法规、计量规章和计量行政规范性文件中对我国计量立法的宗旨和范围、监督管理体制、法定计量单位、法定计量检定机构、计量基准、计量标准、计量检定、计量器具产品、商品量的计量监督和检验等各项计量工作以及计量法律责任都作出了明确的法制管理规定。

随着社会主义法治建设的不断深入，近年来，市场监管总局对一批计量法律法规、国务院计量行政部门规章及行政规范性文件进行了修订、调整和废止，新的执法理念和执法导向贯穿其中，对市场监管部门计量监督管理工作提出了新挑战。目前，我国现行有效的计量法律法规、国务院计量行政部门规章及部分行政规范性文件见表1-2。

表1-2 我国计量法律法规、国务院计量行政部门规章及部分行政规范性文件目录列表

层级	序号	名称	发布机关	施行日期	最新修正、修订日期
计量法律	1	《计量法》	全国人民代表大会常务委员会	1986年7月1日	2018年10月26日
计量行政法规	1	《国务院关于在我国统一实行法定计量单位的命令》	国务院	1984年2月27日	
	2	《全面推行我国法定计量单位的意见》	国务院常务会议通过，国家计量局发布	1984年3月9日	
	3	《计量法实施细则》	国务院批准，国家计量局发布	1987年2月1日	2022年3月29日
	4	《中华人民共和国强制检定的工作计量器具检定管理办法》	国务院	1987年7月1日	
	5	《中华人民共和国进口计量器具监督管理办法》	国务院批复，国家技术监督局发布	1989年11月4日	2016年2月6日
	6	《关于改革全国土地面积计量单位的通知》	国务院批准，国家技术监督局、国家土地管理局、农业部颁发施行	1990年12月28日	
国务院计量行政部门规章	1	《计量授权管理办法》	国家技术监督局	1989年11月6日	2021年4月2日
	2	《计量违法行为处罚细则》	国家技术监督局	1990年8月25日	2022年9月29日
	3	《专业计量站管理办法》	国家技术监督局	1991年9月15日	
	4	《中华人民共和国进口计量器具监督管理办法实施细则》	国家技术监督局	1996年6月24日	2020年10月23日
	5	《商品量计量违法行为处罚规定》	国家质量技术监督局	1999年3月12日	2020年10月23日
	6	《法定计量检定机构监督管理办法》	国家质量技术监督局	2001年1月21日	
	7	《集贸市场计量监督管理办法》	国家质量监督检验检疫总局	2002年5月25日	2020年10月23日
	8	《加油站计量监督管理办法》	国家质量监督检验检疫总局	2003年2月1日	2020年10月23日

续表

层级	序号	名称	发布机关	施行日期	最新修正、修订日期
国务院计量行政部门规章	9	《眼镜制配计量监督管理办法》	国家质量监督检验检疫总局	2003年12月1日	2022年9月29日
	10	《零售商品称重计量监督管理办法》	国家质量监督检验检疫总局	2004年12月1日	2020年10月23日
	11	《计量标准考核办法》	国家质量监督检验检疫总局	2005年7月1日	2020年10月23日
	12	《计量基准管理办法》	国家质量监督检验检疫总局	2007年7月10日	2020年10月23日
	13	《能源计量监督管理办法》	国家质量监督检验检疫总局	2010年11月1日	2020年10月23日
	14	《计量器具新产品管理办法》	国家市场监督管理总局	2023年6月1日	
	15	《计量比对管理办法》	国家市场监督管理总局	2023年6月1日	
	16	《定量包装商品计量监督管理办法》	国家市场监督管理总局	2023年6月1日	
	17	《国家计量技术规范管理办法》	国家市场监督管理总局	2024年5月1日	
	18	《非法定计量单位限制使用管理办法》	国家市场监督管理总局	2024年6月1日	
计量行政规范性文件	1	《标准物质管理办法》	国家计量局	1987年7月10日	
	2	《计量检定印、证管理办法》	国家计量局	1987年7月10日	
	3	《计量监督员管理办法》	国家计量局	1987年7月10日	
	4	《仲裁检定和计量调解办法》	国家计量局	1987年10月12日	
	5	《法定计量检定机构考评员管理规范》	国家质量技术监督局	2000年8月31日	
	6	《注册计量师注册管理规定》	国家市场监督管理总局	2022年5月1日	

二、计量法律

《计量法》是管理我国计量工作的基本法，于 1985 年 9 月 6 日第六届全国人民代表大会常务委员会第十二次会议通过，于 1986 年 7 月 1 日起施行，到 2024 年已经实施了 38 年。《计量法》从 2009 年开始第一次修正到现在，共修正五次。其中，随着"放管服"改革的深入，为依法推进简政放权、放管结合、优化服务改革，《计量法》于 2017 年、2018 年连续进行了两次修正。《计量法》（2018 年修正版）目前现行有效。

1. 立法的宗旨和目的

《计量法》的立法宗旨是："加强计量监督管理，保障国家计量单位制的统一和量值的准确可靠，有利于生产、贸易和科学技术的发展，适应社会主义现代化建设的需要，维护国家、人民的利益。"计量立法的宗旨首先要加强计量监督管理，健全国家计量法制。而加强计量监督管理的核心内容是保障国家计量单位制的统一和量值的准确可靠；最终目的是促进科学技术和经济社会的发展，保护国家权益不受侵犯，保护消费者免受不准确或不诚实测量所造成的危害。

2. 立法的原则

我国计量立法遵循的是"统一立法，区别管理"的原则。统一立法是指在中华人民共和国境内所有的计量工作都要统一立法，受法律的约束。区别管理是指对计量器具管理的区别对待，有的计量器具由人民政府计量行政部门实行强制性监督管理；有的计量器具由使用单位依法自行管理，人民政府计量行政部门侧重于监督检查。

3. 调整范围

在中华人民共和国境内，所有国家机关、社会团体、中国人民解放军、企事业单位和个人，凡是使用计量单位，建立计量基准、计量标准，进行计量检定，制造、修理、销售、使用计量器具和进口计量器具，开展计量认证，实施仲裁检定和调解计量纠纷，进行计量监督管理方面所发生的各种法律关系，均为《计量法》调整的范围。

4. 基本框架内容

《计量法》共 6 章 34 条。

第一章：总则。规定了立法宗旨和目的，规定了法的调整范围，规定了国家实行法定计量单位制度，规定了我国实行的计量监督管理体制及实施计量监督管理的机构。

第二章：计量基准器具、计量标准器具和计量检定。规定了计量基准、社会公用计量标准、部门最高标准、企事业单位最高标准的建立、管理和使用的制度，规定了强制检定和非强制检定计量器具的管理要求，规定了进行计量检定所依据的技术法规以及组织计量检定应遵循的原则。

第三章：计量器具管理。对计量器具的制造、修理、销售、进口和使用分别做了规定。

第四章：计量监督。规定了计量监督的层级和具体任务，规定了计量检定机构的授权及建立，规定了计量监督员和执行计量检定、测试任务的人员具体要求，明确了解决计量纠纷的依据。

第五章：法律责任。规定了对哪些违法行为应追究什么法律责任，包括行政处罚、刑罚和经济赔偿；规定了适用行政处罚的专门行政机关；规定了对处罚不服，进行起诉的程序以及对计量监督人员执法犯法应追究的法律责任。

第六章：附则。规定了军工、国防计量工作的监督管理办法和《计量法实施细则》的制定依据。

三、计量行政法规

国务院制定（或批准）的计量行政法规共 6 件。

1.《计量法实施细则》

1987 年 1 月 19 日国务院批准，1987 年 2 月 1 日国家计量局发布，2016 年、2017 年、2018 年、2022 年进行了四次修订。它主要对《计量法》中有关计量基准器具和计量标准器具、计量检定、计量器具的制造和修理、计量器具的销售和使用、计量监督、产品质量检验机构的计量认证、计量调解和仲裁检定、费用及法律责任等进行了细化。

2.《国务院关于在我国统一实行法定计量单位的命令》

1984 年 2 月 27 日由国务院发布。其主要目的是明确在采用国际单位制的基础上，进一步统一我国的计量单位。该命令规定了《中华人民共和国法定计量单位》，要求我国的计量单位一律采用《中华人民共和国法定计量单位》。

3.《全面推行我国法定计量单位的意见》

1984 年 1 月 20 日国务院第 21 次常务会议通过，1984 年 3 月 9 日国家计量局发布。其主要对全面推行我国法定计量单位的目标、要求、措施等作出了具体规定。

4.《中华人民共和国强制检定的工作计量器具检定管理办法》

1987 年 4 月 15 日国务院发布。其主要对强制检定的工作计量器具、强制检定的监督管理、计量检定机构、计量检定的程序等作出了具体规定。

5.《中华人民共和国进口计量器具监督管理办法》

1989 年 10 月 11 日国务院批准，1989 年 11 月 4 日国家技术监督局令第 3 号发布，2016 年 2 月 6 日国务院令第 666 号修改。其主要对进口计量器具的型式批准、进口计量器具的审批、法律责任等作出了规定。

6.《关于改革全国土地面积计量单位的通知》

1990 年 12 月 18 日，国务院批准，国家技术监督局、国家土地管理局、农业部发布。其主要对我国土地面积计量单位作出了具体规定。

四、国务院计量行政部门规章、地方性计量法规、地方政府计量规章

按照《中华人民共和国立法法》对效力位阶的规定，国务院计量行政部门规章、地方性计量法规、地方政府计量规章的效力均低于计量行政法规。三者的效力位阶关系如下：

（1）国务院计量行政部门规章与地方性计量法规的效力位阶关系。国务院计量行政部门规章和地方性计量法规的制定机关分别是国务院计量行政部门和地方人民代表大会及其常务委员会，机关性质不同，也无对应监督关系，无法认定是同等效力。如果国务院计量行政部门规章和地方性计量法规出现对同一事项规定不一致时，应由国务院提出意见，国务院认为应当适用地方性计量法

规的，则适用地方性计量法规的规定；认为应当适用国务院计量行政部门规章的，则需提请全国人民代表大会常务委员会裁决。

（2）国务院计量行政部门规章与地方政府计量规章的效力位阶关系。国务院计量行政部门规章与地方政府计量规章之间具有同等效力，如果出现对同一事项规定不一致时，由国务院裁决。

（3）地方性计量法规与地方政府计量规章的效力位阶关系。地方性计量法规的效力高于本级和下级地方政府计量规章。

目前，由国务院计量行政部门发布的现行有效的国务院计量行政部门规章共18件，包括《计量基准管理办法》《计量标准考核办法》《法定计量检定机构监督管理办法》等，详见表1-2。

一些省、自治区、直辖市和较大的市的人民代表大会及其常务委员会和地方人民政府，根据需要制定了地方性的计量法规和规章。例如，《北京市计量监督管理规定》《上海市计量监督管理条例》《深圳经济特区计量条例》。

五、计量行政规范性文件

除计量法律、法规、规章外，在计量监督管理工作中，国务院计量行政部门以及县级以上地方人民政府计量行政部门还制定并公开发布了一些计量行政规范性文件，例如：《市场监管总局、人力资源社会保障部关于印发〈注册计量师职业资格制度规定〉〈注册计量师职业资格考试实施办法〉的通知》（国市监计量〔2019〕197号）、《市场监管总局关于发布〈注册计量师注册管理规定〉的公告》（市场监管总局公告2022年第6号）。计量行政规范性文件是由人民政府计量行政部门发布的对计量工作某一领域范围内具有普遍约束力的非立法性文件。如果行政相对人违反了计量行政规范性文件的规定，人民政府计量行政部门有权依法对其采取行政强制措施、作出行政处罚决定。计量行政规范性文件虽无法律表现形式，但是其制发要件契合计量法律法规体系内所有高阶法律法规规范，已具有计量法律法规体系的作用力，是计量法律法规体系的重要补充。

第四节 计量技术规范体系

计量技术规范是保证国家计量单位制统一和量值准确可靠的技术规则，是规范计量技术性活动的行为准则，在科学研究、法制计量管理、工业生产等领域的测量活动中，发挥重要技术基础作用。从形式上看，计量技术规范包括国家计量检定系统表、计量检定规程、计量器具型式评价大纲、计量校准规范和其他计量技术规范。从层级上看，计量技术规范有国家、部门、行业和地方（区域）计量技术规范。它们是正确进行量值传递、量值溯源，确保计量基准、计量标准所测出的量值准确可靠，以及实施计量法制管理的重要手段和条件。其中，国家计量检定系统表规定了从国家计量基准到不同等级的计量标准、最后到工作计量器具应如何进行量值传递；计量检定规程、计量校准规范则分别对计量检定和计量校准这两种最主要的量值传递和量值溯源活动给出了行为规则；计量器具型式评价大纲为计量器具新产品进行型式评价提供规则遵循；其他计量技术规范涉及内容十分广泛，应用面也很宽，如各领域计量名词术语及定义、测量不确定度的评定与表示要求、规范计量活动的规则（细则、指南、通用要求）、测量方法（程序）、标准参考数据的技术要求、算法溯源技术方法、计量比对方法等。

计量技术规范体系是计量法律法规体系的重要技术支持。计量技术规范体系中的一部分技术文件本身就属于计量技术法规，例如：国家计量检定系统表、计量检定规程。从规范性作用的角度讲，它与《计量法》、计量行政法规、计量规章以及计量行政规范性文件共同构成了我国计量法律法规和计量技术规范体系群。

1. 国家计量检定系统表

《计量法》规定："计量检定必须按照国家计量检定系统表进行。"国家计量检定系统表是根据从国家计量基准提供的准确量值，依据准确度等级顺序自上而下传递至工作计量器具所需准确度而设计的一种等级传递途径。主要规定了国家计量基准的主要计量特性、从计量基准通过计量标准向工作计量器具进行量值传递的程序和方法、计量标准复现和保存量值的不确定度以及工作计量器具的最大允许误差等。一项国家计量基准基本上对应一个计量检定系统表。国家计量检定系统表的编号由代号（JJG）、顺序号和发布年号组成，顺序号从"2001"开始。例如，JJG 2001—1987《线纹计量器具检定系统表》。

2. 计量检定规程

《计量法》规定："计量检定必须执行计量检定规程。"计量检定规程是由国务院计量行政部门或省级人民政府计量行政部门、国务院有关行政部门制定的技术性法规，是从事计量检定工作的技术依据，也是计量监督人员对计量器具实施计量监督的法定依据。计量检定规程分国家、部门、地方三种。国家计量检定规程编号由代号（JJG）、顺序号和发布年号组成，顺序号从"1"开始，如，JJG 1—1999《钢直尺检定规程》。地方和部门计量检定规程的编号由代号（JJG）、地方或部门简称、顺序号和发布年号组成，例如JJG（京）3001—2017《户用超声波燃气表检定规程》、JJG（交通）131—2016《混凝土钢筋位置测定仪检定规程》。

3. 计量器具型式评价大纲、计量校准规范以及其他计量技术规范

计量器具型式评价大纲、计量校准规范以及其他计量技术规范虽不属于强制执行的法定性技术文件，但在有关计量法律法规、国务院计量行政部门规章、行政规范性文件规定的场合强制执行。例如，计量器具型式评价大纲在计量器具型式批准的型式评价环节强制执行。国家计量器具型式评价大纲、国家计量校准规范以及其他国家计量技术规范的编号由代号（JJF）、顺序号和发布年号组成，顺序号从"1001"开始。例如，JJF 1001—2011《通用计量术语及定义》。地方和部门的计量校准规范、其他计量技术规范的编号由代号（JJF）、地方或部门简称、顺序号和发布年号组成。例如：JJF（苏）250—2021《液化气体自动灌装秤校准规范》、JJF（石化）005—2015《旋转辊筒式磨耗机校准规范》。

截至2024年2月底，我国现行有效的计量技术规范体系文件共5000多项。其中，国家计量技术规范2030项，包括95项国家计量检定系统表、824项国家计量检定规程、148项国家计量器具型式评价大纲、828项国家计量校准规范和135项其他计量技术规范。国家计量技术规范全文可登录国家计量技术规范全文公开系统进行查询（http://jjg.spc.org.cn）。

第五节　计量监督管理体系

一、计量监督管理的概念

计量管理是指人民政府计量行政部门对所有计量手段和方法，以及获得计量结果的条件进行的管理。计量监督是指人民政府计量行政部门依照计量法律、法规对计量单位、计量基准、计量标准、计量器具、计量检定机构及计量管理人员的监督管理行为。计量监督是计量管理的特殊形式。计量管理可以综合运用法律、行政、经济和技术等手段，计量监督则必须依法依规开展。计量监督和计量管理形式虽有不同，但目的都是为了保证计量器具得出准确、可靠、客观、正确的计量结果（数据）。

《计量法》颁布实施后，我国的计量管理由过去的主要以行政管理方法为主的方式转变成计量行政管理和计量监督检查相结合的方式，计量管理的方法和手段得到了丰富和加强。依法进行计量监督已成为我国现代计量监督管理工作的重要组成部分。

二、计量监督管理的体制

计量监督管理体制是指计量监督工作的具体组织形式，它体现了国务院计量行政部门、地方各级人民政府计量行政部门、国务院有关部门，各企事业单位之间在计量监督管理中的关系。

我国计量监督管理实行按行政区划统一领导、分级负责的行政管理体制。全国的计量工作由国务院计量行政部门负责实施统一监督管理，各行政区域内的计量工作由当地人民政府计量行政部门负责监督管理，国务院有关部门设置的计量行政管理机构负责监督计量法律法规在本部门的贯彻实施（如图 1-1 所示）。企事业单位根据生产、科研和经营管理的需要设置计量管理机构，负责监督计量法律法规在本单位的贯彻实施。中国人民解放军和国防科技工业系统的计量工作，在统一领导的前提下自行负责监督管理，在业务上接受国务院计量行政部门的指导。

县级以上人民政府计量行政部门、国务院有关部门、企事业单位三者的计量监督管理各有侧重、互为补充，构成一张有序的计量监督管理网络。县级以上人民政府计量行政部门所进行的计量监督管理，是横向加纵向的行政执法性监督管理；国务院有关部门计量行政机构对所属单位的监督管理和企事业单位的计量机构对本单位的监督管理，则属于行政管理性质，一般只对纵向发生效力。从法律实施的角度讲，县级以上人民政府计量行政部门具有执法职能，对计量违法行为，应依法给予行政处罚；国务院有关部门和企事业单位的计量机构不是专门的行政执法机构，对计量违法行为的处理只能给予行政处分。

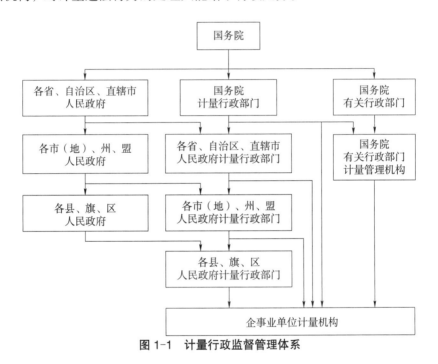

图 1-1　计量行政监督管理体系

三、计量监督管理的职责

国家市场监督管理总局（以下简称市场监管总局）计量司负责统一监督管理全国计量工作。主要职责是：

（1）拟订计量事业发展规划；参与计量法律、行政法规的制修订工作；研究拟订计量管理规章、制度；制修订国家计量技术规范，并组织实施。

（2）负责推行国家法定计量单位。

（3）承担国家计量基准、计量标准、计量标准物质和工作计量器具监督管理工作，组织量值传递溯源和计量比对工作。

（4）承担计量技术机构及人员监督管理工作。

（5）承担商品量、市场计量行为和仲裁检定的监督管理工作。

（6）规范计量数据使用。

按照计量法律法规规定和上级部门的要求，县级以上地方人民政府计量行政部门的计量工作职责是：

（1）贯彻落实国家计量法律法规、发展规划和相关政策措施。

（2）负责推行国家法定计量单位。

（3）监督管理计量标准、标准物质，规划、组织建立社会公用计量标准。

（4）监督管理量值传递工作，组织实施强制检定，监督管理计量检定、计量校准、计量比对和测试工作。

（5）省级人民政府计量行政部门负责制修订地方计量技术规范，并组织实施。

（6）监督管理计量检定印、证。

（7）组织计量调解和仲裁检定。

（8）省级人民政府计量行政部门负责国产计量器具型式批准，县级以上地方人民政府计量行政部门负责监督管理制造、修理（含改装）计量器具活动。

（9）组织开展计量器具、市场计量行为、商品量监督检查及后处理工作。

（10）组织开展诚信计量体系建设。

（11）监督管理计量标准考核、计量授权工作。

（12）监督管理法定计量检定机构及计量检定人员。

（13）监督管理计量校准机构及计量校准活动。

（14）组织建设产业计量中心、碳计量中心。

（15）省级人民政府计量行政部门负责注册计量师资格的注册审批，县级以上地方人民政府计量行政部门负责监督管理注册计量师执业活动。

（16）省级人民政府计量行政部门负责计量标准二级考评员、省级法定计量检定机构考评员的培训、考核、发证，县级以上地方人民政府计量行政部门负责监督管理计量标准考评员、法定计量检定机构考评员的考评行为。

（17）省级人民政府计量行政部门负责组织实施定量包装商品生产企业计量保证能力自我声明制度。

（18）组织开展能源计量工作，监督管理能效标识、水效标识。

（19）组织开展"世界计量日"宣传，加强计量科普和计量文化建设。

四、计量行政许可制度

行政许可是政府依法管理经济社会事务的重要手段。计量行政许可作为人民政府计量行政部门对部分计量活动依法监督管理的起点和第一环节，是计量监督管理体系中一项基础性的、极为重要的管理制度。根据《计量法》，国务院计量行政部门依法建立了以计量标准考核、计量器具型式批准（标准物质定级鉴定）、计量授权、注册计量师注册等为主要内容的计量行政许可事项，构建形成了全国统筹、分级负责、事项统一、权责清晰的行政许可制度。表1-3列出了计量行政许可事项。

表 1-3　计量行政许可事项

事项名称	实施机关	设定和实施依据
计量标准器具核准	国务院计量行政部门，县级以上地方人民政府计量行政部门	《计量法》 《计量法实施细则》 《计量标准考核办法》
计量器具型式批准	国务院计量行政部门，省级人民政府计量行政部门	《计量法》 《计量法实施细则》 《中华人民共和国进口计量器具监督管理办法》 《计量器具新产品管理办法》
承担国家法定计量检定机构任务授权	国务院计量行政部门，县级以上地方人民政府计量行政部门	《计量法》 《计量法实施细则》
注册计量师注册	省级人民政府计量行政部门	《计量法》 《计量法实施细则》 《国家职业资格目录（2021年版）》

五、计量监督管理的技术保障

为了保证我国量值的统一、准确可靠和与国际一致，国家构建起了以中国计量科学研究院、中国测试技术研究院、各大区国家计量测试中心、国家专业计量站及全国各省、市、县计量技术机构为主体的覆盖全国的计量技术机构网络。中国计量科学研究院主要从事建立、研究、保存国家计量基准和国家最高计量标准器具，并承担对全国进行量值传递的任务；中国测试技术研究院主要从事高精度计量测试设备和测试技术的研究，同时承担部分量值传递任务。对于条件要求特殊，又主要用于个别工业部门的单一计量参数项目，国务院计量行政部门授权在工业部门和有关单位建立了专业计量站，并为全国服务，例如：国家轨道衡计量站（北京）、国家高电压计量站（武汉）、国家石油天然气大流量计量站（大庆）。绝大多数省、市、县地方人民政府及其计量行政部门亦根据当地的实际需要设立了计量技术机构。根据《计量法》的规定，上述计量技术机构以及人民政府计量行政部门授权建立的计量检定机构均为法定计量检定机构，是人民政府计量行政部门依法实施计量监督管理的重要技术保障。其技术保障的形式主要有：研究建立计量基准、社会公用计量标准；承担授权范围内的量值传递，执行强制检定和法律规定的其他计量检定、测试任务；开展校准工作；研究起草计量检定规程、计量技术规范；承办有关计量监督中的技术性工作。

各工业部门和企事业单位为了适应生产、科研和工作的需要，建立了本部门和本单位的计量检定机构，为部门和单位的计量监督管理提供技术保障。

第二章

法定计量单位

法定计量单位是指"国家法律、法规规定使用的计量单位"。

为了保证国家计量单位制的统一，国家以法令形式规定了我国强制使用或允许使用的计量单位。《计量法》规定："国家实行法定计量单位制度"，"国际单位制计量单位和国家选定的其他计量单位，为国家法定计量单位"。

1984年国务院颁布的《国务院关于在我国统一实行法定计量单位的命令》规定了我国的计量单位一律采用《中华人民共和国法定计量单位》。

第一节　法定计量单位的构成

我国的法定计量单位包括：

（1）国际单位制的基本单位（见表2-1）；

（2）国际单位制中具有专门名称的导出单位（见表2-2）；

（3）国家选定的非国际单位制单位（见表2-3）；

（4）由以上单位构成的组合形式的单位；

（5）由国家单位制词头和以上单位所构成的倍数单位和分数单位（词头见表2-4）。

表 2-1　国际单位制的基本单位

量的名称	单位名称	单位符号
长度	米	m
质量	千克（公斤）	kg
时间	秒	s

续表

量的名称	单位名称	单位符号
电流	安［培］	A
热力学温度	开［尔文］	K
物质的量	摩［尔］	mol
发光强度	坎［德拉］	cd

注：
1.（ ）中的名称，是它前面的名称的同义词。
2.去掉［ ］的单位名称为全称。［ ］中的字，在不致引起混淆、误解的情况下，可以省略；去掉［ ］中的字，即为单位名称的简称。
3.人民生活和贸易中，质量习惯称为重量。

表2-2　国际单位制中具有专门名称的导出单位

量的名称	单位名称	单位符号
［平面］角	弧度	rad
立体角	球面度	sr
频率	赫［兹］	Hz
力	牛［顿］	N
压力，压强，应力	帕［斯卡］	Pa
能［量］，功，热量	焦［耳］	J
功率，辐［射］通量	瓦［特］	W
电荷［量］	库［仑］	C
电位差（电势差）	伏［特］	V
电容	法［拉］	F
电阻	欧［姆］	Ω
电导	西［门子］	S
磁通［量］	韦［伯］	Wb
磁通［量］密度	特［斯拉］	T
电感	亨［利］	H
摄氏温度	摄氏度	℃
光通量	流［明］	lm
［光］照度	勒［克斯］	lx
［放射性］活度	贝可［勒尔］	Bq
吸收剂量，比释动能	戈［瑞］	Gy

续表

量的名称	单位名称	单位符号
剂量当量	希［沃特］	Sv
催化活性	卡塔尔	kat

注：

1. 去掉［ ］的量的名称或单位名称为全称。［ ］中的字，在不致引起混淆、误解的情况下，可以省略；去掉［ ］中的字，即为该量的名称或单位名称的简称。
2. 催化活性的单位卡塔尔根据国际计量局发布的《国际单位制（SI）》（第 9 版）所加。

表 2-3　国家选定的非国际单位制单位

量的名称	单位名称	单位符号	与 SI 单位的关系
时间	分 ［小］时 天（日）	min h d	1 min=60 s 1 h=60 min=3 600 s 1 d=24 h=86 400 s
［平面］角	［角］秒 ［角］分 度	″ ′ °	1″=（π/648 000）rad（π 为圆周率） 1′=60″=（π/10 800）rad 1°=60′=（π/180）rad
旋转速度	转每分	r/min	1 r/min=（1/60）s^{-1}
长度	海里	n mile	1 n mile=1 852 m（只用于航行）
速度	节	kn	1 kn=1 n mile/h=（1 852/3 600）m/s（只用于航行）
质量	吨 道尔顿	t Da	1 t=10^3 kg 1 Da=1 u=1.660 539 066 60（50）×10^{-27} kg
体积	升	L，（l）	1 L=1 dm^3=10^3 cm^3=10^{-3} m^3
能	电子伏	eV	1 eV=1.602 176 632 4×10^{-19} J
级差	分贝	dB	
线密度	特［克斯］	tex	1 tex=10^{-6} kg/m
面积	公顷	ha	1 ha=1 hm^2=10^4 m^2

注：

1. （ ）中的名称，是它前面的名称的同义词。
2. 去掉［ ］的量的名称或单位名称为全称，［ ］中的字，在不致引起混淆、误解的情况下，可以省略；去掉［ ］中的字，即为该量的名称或单位名称的简称。
3. 质量的单位道尔顿根据国际计量局发布的《国际单位制（SI）》（第 9 版）所加。
4. 平面角单位度、分、秒的符号，在组合单位中应采用（°）（′）（″）的形式。
5. 升的符号中，小写字母 l 为备用符号。
6. r 为"转"的符号。
7. 公顷的国际通用符号为 ha。

表 2-4　用于构成十进倍数和分数单位的 SI 词头

因数	词头中文名称	符号
10^{30}	昆〔它〕	Q
10^{27}	容〔那〕	R
10^{24}	尧〔它〕	Y
10^{21}	泽〔它〕	Z
10^{18}	艾〔可萨〕	E
10^{15}	拍〔它〕	P
10^{12}	太〔拉〕	T
10^{9}	吉〔咖〕	G
10^{6}	兆	M
10^{3}	千	k
10^{2}	百	h
10^{1}	十	da
10^{-1}	分	d
10^{-2}	厘	c
10^{-3}	毫	m
10^{-6}	微	μ
10^{-9}	纳〔诺〕	n
10^{-12}	皮〔可〕	p
10^{-15}	飞〔母托〕	f
10^{-18}	阿〔托〕	a
10^{-21}	仄〔普托〕	z
10^{-24}	幺〔科托〕	y
10^{-27}	柔〔托〕	r
10^{-30}	亏〔科托〕	q

注：2022 年 11 月 15 日至 18 日，第 27 届国际计量大会（CGPM）决议 3《关于国际单位制词头范围的扩展》决定增加四个新的 SI 词头：ronna（10^{27}）、ronto（10^{-27}）、quetta（10^{30}）、quecto（10^{-30}），从而满足 10^{24} 量级以上超大科学数据的表达需求，同时也防止非官方词头在行业中被事实性使用。

在使用法定计量单位时还应注意以下几点：

（1）周、月、年（年的符号为 a）为一般常用时间单位。

（2）公里为千米的俗称，符号为 km。

（3）10^4 称为万，10^8 称为亿，10^{12} 称为万亿，这类数词的使用不受词头名称的影响，但不应与词头混淆。

（4）1984 年我国公布法定计量单位时，按当时 SI 的规定把平面角弧度（rad）和立体角球面度（sr）称为 SI 辅助单位，1990 年国际计量委员会规定它们是具有专门名称的 SI 导出单位的一部分。

（5）1990 年经国务院批准，原国家技术监督局、国家土地管理局和农业部联合发布了我国土地面积的计量单位为：平方公里（km^2，100 万平方米）、公顷（hm^2，1 万平方米）、平方米（m^2，1 平方米），自 1992 年 1 月 1 日起，在统计工作和对外签约中一律使用规定的土地面积计量单位。

（6）1998 年原国家技术监督局、卫生部对血压计量单位使用作出了补充规定，在临床病例、体检报告、诊断证明、医疗证明、医疗记录等非出版物中可以使用千帕斯卡（kPa）或毫米汞柱（mmHg）两种血压计量单位；出版物及血压计（表）使用说明中可使用千帕斯卡（kPa）或毫米汞柱（mmHg），如果使用 mmHg 应注明 mmHg 与 kPa 之间的换算关系；根据国际交流和国外学术期刊的需要，可任意选用 mmHg 或 kPa。

第二节　法定计量单位的使用

为推行国家法定计量单位，1984 年原国家计量局颁布了《中华人民共和国法定计量单位使用方法》，1993 年原国家技术监督局发布了《量和单位》（GB 3100～3102—1993）。使用我国法定计量单位，必须注意法定计量单位的名称、符号，及其使用规则。

一、法定计量单位的名称

法定计量单位的名称指单位和词头的中文名称，有全称和简称两种。表 2-1～表 2-4 中，列出了我国法定计量单位的 45 个单位名称和 24 个词头名称的全称。在使用时，把其中［　］内的字省略掉即为简称。没有简称的单位名称和词头名称，可认为其简称与全称相同，如摄氏温度的单位名称为摄氏度，不能叫度。

（1）组合单位的中文名称与其符号表示的顺序一致。如，比热容单位的符号是 J/（kg·K），单位的名称为"焦耳每千克开尔文"。要注意，符号中的乘号（·）没有对应的名称，除号（/）对应的名称为"每"字，无论分母中有几个单位，"每"仅能出现一次。

（2）乘方形式的单位名称，顺序应为"指数数字—次方—单位名称"。如断面惯性矩的单位 m^4 的名称为"四次方米"。

（3）如果长度的 2 次幂和 3 次幂分别表示面积、体积时，相应名称为"平方‐长度单位名称""立方‐长度单位名称"。如体积单位 dm^3 的名称为"立方分米"。

（4）书写单位名称时，不加任何表示乘或除的符号（如"·""/"）或其他符号。如，速度单位 m/s 的名称为"米每秒"，而不是"米/秒"。

二、法定计量单位和词头的符号

法定计量单位和词头的符号是一个单位或词头的简明标志，主要是为了使用方便。可以使用国际通用纯字母表示，也可用中文符号表示，但推荐纯字母表达方式。

（1）法定计量单位和词头的符号，无论拉丁字母或希腊字母，一律用正体，不附省略点，且无复数形式。

（2）单位符号的字母一般用小写字母。若单位名称来源于人名，其单位符号的第一个字母必须大写。如以法国科学家帕斯卡命名的压力单位"帕［斯卡］"的符号为 Pa。

（3）词头符号的字母，当表示的因数在 10^6 及以上时用大写，其余均为小写体。如，10^6 为 M（兆），10^9 为 G（吉），10^3 为 k（千），10^{-2} 为 c（厘）等。

（4）由两个以上单位相乘构成的组合单位，其国际符号有 2 种形式：用居中原点；紧排。由两个以上单位相乘构成的组合单位，其中文符号只有 1 种形式：用居中原点。应注意，若组合单位符号中某单位的符号同时又是某词头的符号，为了避免混淆，该单位不能放在最前面。如，力矩单位"牛顿米"的符号有"N·m"、"Nm"、"牛·米"，但不宜写成 mN，以免误解为"毫牛顿"。

（5）由两个以上单位相除所构成的组合单位，其国际符号有 3 种形式：用斜线（/）；用负指数将相除转化为相乘，乘号用居中原点；用负指数将相除转化为相乘，紧排。由两个以上单位相除所构成的组合单位，其中文符号有 2 种：用斜线；用负指数相乘，乘号用居中原点。当可能发生误解时，应尽量用居中原点或斜线的形式。如，密度单位"千克每立方米"的国际符号有"kg/m^3""kg·m^{-3}""kg m^{-3}"，中文符号有"千克/米^3""千克·米$^{-3}$"。速度单位"米每秒"的符号不宜用 ms^{-1}，以免误解为"每毫秒"。

（6）相除形式的组合单位，用斜线表示相除时，单位符号的分子、斜线、分母应处于同一高度；当分母包含两个以上单位时，整个分母应加圆括号，而不能使用多条斜线。如，热导率的单位符号是 W/（K·m），不能表示为 ^{W}/（K·m），W/K·m 或 W/K/m。

（7）一个单位中，不应将国际符号和中文符号混用。如，吨油耗电量单位符号为 kW·h/t，不能写成 kW·h/吨。

（8）单位与词头的符号按名称或简称读音，不得按字母读音。

三、法定计量单位和词头的使用规则

（1）使用场合。单位和词头的名称，一般只用于叙述性文字；单位和词头的符号，在公式、数据表、曲线图、刻度盘和产品铭牌等需要简单明了表示的地方使用，也可用于叙述性文字中。

（2）单位的名称或符号要整体使用。应注意书写或读音时，不能把一个单位的名称随意拆开。无论是组合单位，还是倍数和分数单位，使用时应作为一个整体使用。如，温度为"20 摄氏度"，不能写成"摄氏 20 度"；20 km/h 应读成"20 千米每小时"，不能读成"每小时 20 千米"。

（3）法定单位中的摄氏度以及非十进制单位，如平面角单位"度""分""秒"与时间单位"日""时""分"，不得使用 SI 词头构成倍数单位或分数单位。

（4）词头不能重叠使用。如，电容单位可以使用 pF，不应该用 μμF。

（5）词头用于构成 SI 单位的倍数单位和分数单位，不得单独使用。

（6）组合单位加词头。相乘形式的组合单位加词头，通常加在组合单位的第一个单位前。如力矩的单位 kN·m 不宜写成 N·km。相除形式的组合单位或通过乘和除构成的组合单位加词头，通常加在分子中的第一个单位前，分母中一般不用词头。一般不在组合单位的分子和分母中同时使用词头。但质量的 SI 单位 kg，不作为有词头的单位对待。如，摩尔内能单位 kJ/mol 不宜写成 J/mmol，质量摩尔浓度可以写成 mmol/kg。当组合单位中分母是长度、面积或体积单位时，分母中按习惯可以选用词头构成倍数单位或分数单位。如密度的单位可以为 g/cm^3。

（7）分子为 1 的组合单位的符号，一律不用分式而用负数幂的形式。如，波数单位的符号是 m^{-1}，一般不用 1/m。

（8）当采用"词头的中文名称＋单位名称的简称"构成中文符号时，应注意避免与中文数词混淆，必要时使用圆括号。如，旋转频率的量值不得写成 3 千秒 $^{-1}$，写成 3（千秒）$^{-1}$，此处千为词头，表示"三每千秒"；写成 3 千（秒）$^{-1}$，此处千为数词，表示"三千每秒"。

四、量和量值的表示

（一）量的表示

1. 量的名称

在《量和单位》（GB 3102.1～13—1993）中，共列出 600 多个常见物理量，并规定了其名称。其中，有的有两个以上的名称。如压力、压强、应力，电压、电位、电动势等。

在使用时，一般按相应国家标准上规定的量的名称使用，不能自撰，不使用已废弃的旧名称，如比重、比热、电流强度、电度等。

2. 量的符号

（1）量的符号应采用现行有效的国家标准《量和单位》中所规定的符号。量的符号既代表广义量，也可以代表特定量。有的量的符号不止一个，使用时可选择。如长度的量的符号可以是 L 或 l。

（2）一个给定的符号可以表示不同的量。如符号 Q 既表示电荷也表示热量。在某些情况下，不同量有相同的符号或对同一个量有不同的应用或要表示不同的值时，可采用下标予以区分。如，电流与发光强度是两个不同的量，电流用符号 I 表示，发光强度用 I_v 表示。又如，3 个不同大小的长度，可以分别表示成 l_1，l_2，l_3。

（3）量的符号通常用单个拉丁字母或希腊字母表示，少数符号由两个字母构成，有时带有下标或其他说明性标记。如，波长的符号为 λ，［光］照度的符号为 E 或 E_v，在气体混合物中 B 的逸度符号为 P_B。

（4）量的符号必须采用斜体，符号后不附加圆点（正常语法句子结尾标点符号除外），如，不能用 "$p.$" 表示压强的量符号，只能用 "p"。

（5）由两个字母所构成量的符号，其中间不得有空隙。如静摩擦因数的符号为 μ_s（μ 和 s 间不能有空隙，且 s 为 μ 的下标）。

（6）量的符号原则上按其所表示的量的名称而不是字母来称呼。如 $L=30$ mm 称 "长度 30 mm"。

注意：不要将量的符号与计量单位的符号相混淆。

3. 量的符号的下标字体表示原则

量的符号的下标可以是单个或多个字母，也可以是阿拉伯数字、数学符号、元素符号、化学分子式。其量的符号的下标字体表示原则为：

（1）用物理量的符号及用表示变量、坐标和序号的字母作为下标时，下标字体用斜体字母，其他情况时下标用正体。如表 2-5 所示。

表 2-5　量的符号的斜体下标和正体下标含义说明（示例）

斜体下标		正体下标	
符号	下标含义说明	符号	下标含义说明
C_p	p——压力的量	C_g	g——气体
I_x	x——坐标 x 轴	g_n	n——标准
g_{ik}	i，k——连续数	u_r	r——相对
P_x	x——变量	V_{max}	max——最大
I_λ	λ——波长	$T_{1/2}$	1/2——一半

（2）当量的下标是阿拉伯数字、数学符号、元素符号、化学分子式时，用正体表示。如，U_{95} 表示包含概率为 0.95 的扩展不确定度，数字 95 用正体；用 $/\!/$、$\perp$、∞ 等数学符号时作为量的下标，用正体；i_1、i_2、i_3 分别表示第一、第二、第三次谐波分量，下标为数字，采用正体；ρ_{Cu} 表示铜的电阻率，下标 Cu 是铜元素的符号，用正体。

（3）必要时可并列使用两个下标，中间应适当留空或加逗号。如，$R_{m,\,max}$ 表示磁阻的最大值，I_{3y} 表示电流 I 的三次谐波的 y 分量。

（二）量值的表达

（1）无量纲的量表示量值时不写单位"1"，可用 % 代替数字 0.01。如，$r=0.8=80\%$。应避免使用 ‰ 代替 0.001，可用 0.1% 表示。不应使用 ppm、ppb 和 ppt 表示数值，因为它们既不是单位符号，也不是数学符号，而仅仅是表示数值的英文缩写词，应分别采用 10^{-6}、10^{-9} 和 10^{-12} 代替。

（2）倍数单位根据使用方便的原则选取。通过适当的选择，可使数值处于实用范围内，一般应使量的数值处于 0.1～1 000。如表 2-6 所示。

表 2-6　倍数单位的选取示例

量值	表示形式	说明
0.003 51 m	可表示为 3.51 mm	0.003 51＜0.1
1 013 Pa	可表示为 1.013 kPa	1 013＞1 000
1.2×10^4 m	可表示为 12 km	1.2×10^4＞1 000

在某些情况下，习惯使用的单位可以不受表 2-6 选取原则限制。如，机械制图中使用的单位为毫米（mm），导线截面积单位用平方毫米（mm^2），国土和行政区划面积用平方公里（km^2）。基本上专业和领域只习惯某一种或少数几种倍数单位，如，气象部门气压习惯用百帕（hPa），运输行业运输量习惯用吨公里（t·km）等。

在同一量的数值表达或叙述同一量的文章中，为对照方便，使用相同单位，数值范围不受限制。有些不能加词头的单位，如℃，h 等，量值的数值范围也不受限制。

注意，在选择倍数单位使数值处于 0.1～1 000 时，不得改变有效数字的位数。

（3）在证书或报告等技术文件中表示量值时，在数值后面不用单位的中文符号。如，电阻率的量值表示为"10 $\Omega \cdot m$"，不写为"10 欧米"。

（4）表示量值时，单位符号应当置于数值之后，数值与参照对象之间留有空格（半个汉字）。如 35.4 mm 不表示为 35.4mm。

唯一例外为平面角的单位度（°）、分（′）和秒（″），数值和单位符号之间不留空格。

（5）表示量值时，不能在单位符号上附加表示量的特性和测量过程信息的标志。如，最大电压值表示为 U_{max}=500 V，不应表达为 U=500 V_{max}。

（6）如果所表示的量值为几个量的和或差，则应当加圆括号将数值组合，置共同的单位符号于全部数值之后（或仍写成各个量值的和或差）。

如：l=12 m−7 m=（12−7）m=5 m

t=28.4℃ ± 0.2℃ =（28.4 ± 0.2）℃，不得写成 28.4 ± 0.2℃

λ=220×（1 ± 0.02）W/（m·K）

U=220 V ± 22 V=220×（1 ± 10%）V

（7）几何尺寸应表示成量值的乘积。如外形尺寸为 $l \cdot b \cdot h$=80 cm×20 cm×50 cm 表示为 80×20×50 cm 或（80×20×50）cm 是不规范的。

（8）相对量值的表达。

1）表示量值范围时，百分率规范表示为 6%～7%，"～"前的 % 不应省略。

要注意，表示量值范围不能采用"−"，应采用"～"。如不能表示为 6%-7%。

2）表示量值带有偏差中心值时，规范表示为（65 ± 2）% 或 65% ± 2%，不规范表示：65 ± 2%。

（9）量值（或数值）相乘表达。

应使用乘号（×），而不使用圆点来表示数值相乘。如写成 1.8×10^{-3} 不应写成 $1.8 \cdot 10^{-3}$。

当数值在量的符号前时，相乘可不加符号。如 3t。

当数值在量的符号后时，相乘加乘号。如 $t \times 10^{-3}$。

五、非法定计量单位的限制使用

《非法定计量单位限制使用管理办法》明确，除国家法定计量单位以外的其他计量单位为非法定计量单位。国家明令禁止的非法定计量单位不得使用，其他非法定计量单位应当限制使用。应停止使用的非法定计量单位主要有市制单位、英制单位以及除公斤、公顷以外的"公"字头单位。市制单位是中国传统计量单位，例如［市］亩、［市］尺、［市］斤。英制单位是起源于英国的计量单位，例如磅、英尺、加仑。"公"字头单位是国际单位制单位在我国的旧称，源于旧时对公制单位翻译时采用"公＋市制单位"的命名形式。例如公尺、公分、公升等。常见非法定计量单位和法定计量单位的名称、符号及换算关系见表 2-7。

表 2-7　常见非法定计量单位和法定计量单位的换算关系

量的名称	非法定计量单位	法定计量单位	换算关系
长度	公尺 ［市］里 丈 ［市］尺 ［市］寸 ［市］分 码（yd） 英尺（ft） 英寸（in） 英里（mile） 光年	米（m）	1 公尺 $= 1$ m 1 里 $= 500$ m 1 丈 ≈ 3.3 m 1 尺 ≈ 0.33 m 1 寸 ≈ 0.033 m 1 分 $\approx 0.003\ 3$ m 1 yd $= 0.914\ 4$ m 1 ft $= 0.304\ 8$ m 1 in $= 0.025\ 4$ m 1 mile $= 1\ 609.344$ m 1 光年 $= 9.460\ 53$ Pm
质量（重量）	［市］斤 ［市］两 ［市］钱 磅（lb） 克拉	克（g）	1 斤 $= 500$ g 1 两 $= 50$ g 1 钱 $= 5$ g 1 lb $= 453.59$ g 1 克拉 $= 0.2$ g
力	千克力（kgf）	牛（N）	1 kgf $= 9.806\ 65$ N
压力	标准大气压（atm） 工程大气压（at） 毫米汞柱（mmHg） 毫米水柱（mmH$_2$O） 巴（bar）	帕（Pa）	1 atm $= 1.103\ 25 \times 10^5$ Pa 1 at $= 9.806\ 65 \times 10^4$ Pa 1 mmHg $= 1.333\ 224 \times 10^2$ Pa 1 mmH$_2$O $= 9.806\ 38$ Pa 1 bar $= 1 \times 10^5$ Pa

续表

量的名称	非法定计量单位	法定计量单位	换算关系
功、能、热	尔格（erg） 大卡	焦（J）	$1\ \text{erg} = 1 \times 10^{-7}\ \text{J}$ $1\ 大卡 = 4.186\ \text{J}$
功率	马力	瓦（W）	$1\ 马力 = 735.499\ \text{W}$
面积	［市］亩（60平方丈）	平方米（m^2）	$1\ 亩 = 666.7\ \text{m}^2$
体积	石 英加仑（UKgal） 美加仑（USgal） 美（石油）桶（bbl）	升（L）	$1\ 石 = 100\ \text{L}$ $1\ \text{UKgal} = 4.546\ 09\ \text{L}$ $1\ \text{USgal} = 3.785\ 41\ \text{L}$ $1\ \text{bbl} = 158.987\ \text{L}$
温度	华氏度（℉）	摄氏度（℃）	$\dfrac{t_F}{°F} = \dfrac{9}{5}\dfrac{t}{℃} + 32$

经过多年努力，我国在全面推行和实施法定计量单位上取得了显著的成绩，绝大部分非法定计量单位被禁止或废止。但是，以"亩""斤""公里"为代表的，一些约定俗成的非法定计量单位仍在广泛使用，一些特定场景和条件下非法定计量单位的使用难以被替代，法定计量单位完全替代非法定计量单位的进程和困难远远大于预期，需要长期坚持和循序渐进。针对我国的国情和实际，《非法定计量单位限制使用管理办法》明确规定："属于特殊需要的，可以采用非法定计量单位。可采用非法定计量单位的特殊需要清单由国家市场监督管理总局制定发布，并根据社会经济发展需要动态更新。"这一规定旨在明确在特定情况下可以使用的非法定计量单位，以适应科技文献、新闻报道、产品或包装物、说明书、进口的工程装备或计量器具及其技术文件、示值、铭牌等场合的需要。这些特殊需要清单的制定和更新，旨在确保在维护市场公平和交易安全的同时，保护消费者的合法权益。现行《可采用非法定计量单位的特殊需要清单》见表2-8。

表2-8　可采用非法定计量单位的特殊需要清单

序号	因特殊需要可采用非法定计量单位的范围	附加限制使用条件
1	史料、档案、古籍或其再版物	史料、档案应当为1986年以前的
2	文学作品、影视作品中因历史、文化习俗而使用的，或者翻译作品译自原著的	无

序号	因特殊需要可采用非法定计量单位的范围	附加限制使用条件
3	符合下列情形之一，在科技文献、新闻报道中使用的： 1）新测量领域出现的不属于国际单位制的新的计量单位； 2）根据有关国际组织规定的名称、符号，在科技文献中使用的； 3）新闻报道依据原文翻译的	应当同时注明或提供相应量的法定计量单位等效值或换算关系
4	根据所涉行业相关的国际协定、国际规则、国际惯例，在制造、销售和进口的产品及其包装物、说明书上使用的，以及用于制造此类产品的	应当同时注明或提供相应量的法定计量单位等效值或换算关系
5	根据有关国际协定、国际规则、国际惯例，开展的航空管理、国际交流等活动中使用的	无
6	在国家重大建设项目，国家科技重大专项等重大工程项目或者科技项目中确需进口的工程装备或者计量器具，及其技术文件、示值、铭牌上使用的	应当同时注明或提供相应量的法定计量单位等效值或换算关系
7	进口设备配备英制计量器具且无法替代的。 指进口的成套设备、测量系统、加工中心等大型设备配备非法定计量单位的计量器具，不能更换或没有合适的计量器具替代的	无
8	在仅用于出口的商品及其包装物、说明书上使用的	无
9	日常生活中根据约定俗成的交易习惯使用，交易双方对所使用的非法定计量单位认知一致，不会因此造成交易损失的。 用于表述西式蛋糕、比萨饼直径长度，电视机、电脑、手机显示屏对角线长度，照片和复印纸规格等	应当同时注明或提供相应量的法定计量单位等效值或换算关系
10	法律、行政法规规定的可以使用非法定计量单位的其他情形	

第三章
计量器具与量值传递、量值溯源

计量的目的和基本任务是实现单位统一和量值准确可靠，计量器具是实现量值统一的物质基础，量值传递与量值溯源是实现量值统一的基本途径，对计量器具进行检定、校准或比对是实现量值统一的主要手段。

第一节　计量器具

一、计量器具的定义

计量器具又称测量仪器，是指"单独或与一个或多个辅助设备组合，用于进行测量的装置"。它是用来测量并能得到被测对象量值的一种技术工具或装置。计量器具在整个计量立法中处于相当重要的地位，计量器具不仅是实现单位统一和量值准确可靠的技术基础，更是计量监督管理的主要对象。

计量器具的概念在理解时应该注意以下几点：

（1）与测量仪器是同义词，在我国计量法律法规中，将测量仪器统称为计量器具。

（2）本身是一个用于进行测量的独立装置。

（3）可以单独地或连同辅助设备一起使用。例如：体温计、电压表、直尺、度盘秤等可以单独地用来完成某项测量，砝码、热电偶、标准电阻等则需与其他测量仪器和（或）辅助设备一起使用才能完成测量。

（4）测量仪器按产生量值的对象分为两类：

1）产生与正在测量的外部量相对应的测得的量值，这类测量仪器也被称为

"表""计"或"测……仪";

2）以固定形态呈现自身量值，这类测量仪器具有"源"的特性，如"尺""规"等实物量具。

二、计量器具的特性

计量器具的特性有很多，例如：

（1）示值：由测量仪器或测量系统给出的量值。

（2）标称示值区间/标称范围：当测量仪器或测量系统调节到特定位置时获得并用于指明该位置的、化整或近似的极限示值所界定的一组量值，简称为量程。

（3）测量区间/测量范围：在规定条件下，由具有一定的仪器不确定度的测量仪器或测量系统能够测量出的一组同类量的量值，有时也称为工作范围。

（4）灵敏度：测量系统的示值变化除以相应的被测量变化所得的商。

（5）示值误差：测量仪器的示值与对应输入量的参考量值之差。

（6）最大允许误差：对给定的测量、测量仪器或测量系统，由规范或规程所允许的，相对于已知参考量值的测量误差的极限值。

（7）仪器测量不确定度：由所用的测量仪器或测量系统引起的测量不确定度的分量。

（8）准确度等级：在规定工作条件下，符合规定的计量要求，使测量误差或仪器不确定度保持在规定极限内的测量仪器或测量系统的等别或级别。

（9）稳定性：测量仪器保持其计量特性随时间恒定的能力。

三、计量器具的分类

计量器具有很多分类方法。在计量法律法规中，计量器具是指能用以直接或间接测出被测对象量值的装置、仪器仪表、量具和用于统一量值的标准物质（以下所称标准物质是指用于统一量值的标准物质），包括计量基准、计量标准、工作计量器具。标准物质作为一种应用极其广泛的特殊类型的计量器具，国家将其纳入计量法律法规的调整范围。依法管理的有证标准物质（也称为国家标准物质）是保证量值准确可靠和实现全国量值统一的法定依据，在化学、生物等诸多专业领域作为计量标准使用。

（一）计量基准

1.计量基准的定义

计量基准是计量基准器具的简称，是指"经国家权威机构承认，在一个国家或经济体内作为同类量的其他测量标准定值依据的测量标准"。根据《计量基准管理办法》，计量基准是指"经国家市场监督管理总局批准，在中华人民共和国境内为了定义、实现、保存、复现量的单位或者一个或多个量值，用作有关量的测量标准定值依据的实物量具、测量仪器、标准物质或者测量系统"。

计量基准作为统一全国量值的最高依据，可以进行仲裁检定，出具的数据能够作为处理计量纠纷的依据并具有法律效力。根据需要，它可以代表国家参加国际比对，使量值与国际计量基准保持一致。

2.计量基准的建立

计量基准由国务院计量行政部门根据国民经济发展和科学技术进步的需要，统一规划，组织建立。属于基本的、通用的计量基准，建立在国务院计量行政部门设置或授权的法定计量检定机构；属于专业性强、仅为个别行业所需，或者工作条件要求特殊的计量基准，可以建立在有关部门或者单位所属的计量技术机构。

3.计量基准的法制管理

计量基准依据《计量基准管理办法》进行管理，经国务院计量行政部门批准并颁发计量基准证书后方可使用。国务院计量行政部门对计量基准进行定期复核和不定期监督检查，复核周期一般为5年，复核和监督检查的内容包括：计量基准的技术状态、运行状况、量值传递情况、人员状况、环境条件、质量体系、经费保障和技术保障状况等。

（二）计量标准

1.计量标准的定义

计量标准是计量标准器具的简称，它的准确度低于计量基准，用于检定或校准其他计量标准或工作计量器具。计量标准处于国家计量检定系统表的中间环节，它将计量基准所复现的单位量值逐级传递到工作计量器具以及将测量结果在允许的范围内溯源到计量基准。

最高计量标准（又称最高等级计量标准），是指"在给定组织或给定地区内，其准确度等级最高，或不确定度或最大允许误差最小，用于检定或校准同类量其他计量标准或工作计量器具的计量标准"。

2. 计量标准的分类

计量标准按法律地位、使用和管理范围的不同，可以分为社会公用计量标准、部门计量标准和企事业单位计量标准。

社会公用计量标准是指"经人民政府计量行政部门考核、批准，作为统一本地区量值的依据，在社会上实施计量监督具有公证作用的计量标准"。部门计量标准是指"国务院有关部门和省、自治区、直辖市人民政府有关部门，根据本部门特殊情况建立的，作为统一本部门量值依据的计量标准"。企事业单位计量标准是指"根据本单位需要建立的，作为统一本单位量值依据的计量标准"。

3. 计量标准的分级管理

按照我国计量法律法规的规定，计量标准可以分为最高等级计量标准（也称为最高计量标准）和其他等级计量标准（也称为次级计量标准）。最高等级计量标准又有三类：最高等级社会公用计量标准、部门最高计量标准和企事业单位最高等级计量标准；其他等级计量标准也有三类：其他等级社会公用计量标准、部门其他等级计量标准和企事业单位其他等级计量标准。

（1）最高等级社会公用计量标准由上一级人民政府计量行政部门主持考核，部门最高等级计量标准由同级人民政府计量行政部门主持考核，企事业单位最高等级计量标准由其主管部门同级的人民政府计量行政部门主持考核。

（2）其他等级社会公用计量标准由本级人民政府计量行政部门主持考核，而部门和企事业单位的其他等级计量标准则不需要人民政府计量行政部门考核。

4. 计量标准的使用

根据计量法律法规的规定，计量标准考核合格，开展量值传递的范围为：

（1）社会公用计量标准向社会开展计量检定、校准；

（2）部门计量标准在本部门内部开展非强制检定、校准；

（3）企事业单位计量标准在本单位内部开展非强制检定、校准。

如果需要超过规定的范围开展量值传递或者执行强制检定工作，建立计量标准的单位应当向有关人民政府计量行政部门申请计量授权。凡是申请计量授权的计量标准不论是最高计量标准还是其他等级计量标准，都应当经授权的人民政府计量行政部门计量标准考核合格。

（三）标准物质

1. 标准物质的定义

标准物质又称参考物质，是指"具有足够均匀和稳定的特定特性的物质，其特性被证实适用于测量中或标称特性检查中的预期用途"。按照《计量法实施细则》规定，用于统一量值的标准物质属于计量器具的范畴。凡向外单位供应的标准物质的制造以及标准物质的销售和发放，必须遵守《标准物质管理办法》。我国纳入依法管理的标准物质为有证标准物质。有证标准物质是指"附有由权威机构发布的文件，提供使用有效程序获得的具有不确定度和溯源性的一个或多个特性量值的标准物质"。

2. 有证标准物质的分级

我国的有证标准物质分为一级标准物质和二级标准物质。

（1）一级标准物质采用绝对测量法或两种以上不同原理的准确可靠的方法定值，在只有一种定值方法的情况下，用多个实验室以同种准确可靠的方法定值，准确度具有国内最高水平，均匀性在准确度范围之内，主要用于对二级标准物质或其他物质定值，或者用来检定或校准高准确度的仪器设备或评定和研究标准方法。一级标准物质代号为GBW，是以国家级标准物质的汉语拼音中"Guo""Biao""Wu"三个字的字头"GBW"表示。

（2）二级标准物质采用与一级标准物质进行比较测量的方法或一级标准物质的定值方法定值，主要用来做工作标准使用，用以校准计量测量装置、评价测量方法或给材料赋值。二级标准物质代号为GBW(E)，是以国家级标准物质的汉语拼音中"Guo""Biao""Wu"三个字的字头"GBW"加上二级的汉语拼音中"Er"字的字头"E"并以小括号括起来——GBW(E)。

3. 标准物质的种类

标准物质的品种和数量很多。我国发布的标准物质目录，按专业领域的分类方法，分为钢铁成分分析、有色金属及金属中气体成分分析、建材成分分析、核材料成分分析与放射性测量、高分子材料特性测量、化工产品成分分析、地质矿产成分分析、环境化学分析、临床化学分析与医药成分分析、食品成分分析、煤炭石油成分分析和物理特性测量、工程技术特性测量、物理特性与物理化学特性测量 13 大类。

4. 标准物质的法制管理

国务院计量行政部门对标准物质的申报、技术审查、定级、批准发布都做了明确、严格的规定。企业、事业单位制造标准物质，必须具备与所制造的标准物质相适应的设施、人员和分析测量仪器设备。企业、事业单位制造标准物质新产品，应当进行定级鉴定，经评审取得标准物质定级证书后方可生产、销售。

（四）工作计量器具

用于日常测量而不用于量值传递工作的计量器具称为工作计量器具。如家用燃气表、电能表、水表、血压计（表）、加油机等。

第二节　量值传递与量值溯源

一、量值传递

（一）量值传递的定义

量值传递是指"通过对测量仪器的校准或检定，将国家测量标准所实现的单位量值通过各等级的测量标准传递到工作测量仪器的活动，以保证测量所得的量值准确一致"。

以测量长度尺寸的线纹尺的量值传递过程为例。国家计量基准 633 nm 波长基准采用比较测量法检定激光干涉比长仪，激光干涉比长仪采用直接测量法检定一等标准金属线纹尺，一等标准金属线纹尺用比较测量法检定二等标准金属线纹尺，二等标准金属线纹尺采用直接测量法检定三等标准金属线纹尺，三等标准金属线纹尺采用直接测量法检定工作计量器具钢直尺。使用钢直尺在生产中测量得到的长度值就通过这一条不间断的链与国家计量基准 633 nm 波长基准联系起来，以确保测得的量值准确可靠，这一过程就是在实施量值传递。

（二）量值传递的方式

量值传递的方式主要有实物计量标准传递、发放有证标准物质传递、发播标准信号传递、实验室间比对。

1. 实物计量标准传递

实物计量标准传递是我国目前最常用的一种量值传递方式。负责传递量值的计量技术机构在本机构实验室或被传递量值单位计量器具使用现场，通过实物计量标准复现的量值来检定、校准被传递量值单位的计量器具，或为其定值。

实物标准逐级传递的量值传递方式的缺点主要有：

1）比较费时费力；

2）检定好的计量器具经过运输后，受到振动、撞击、潮湿或温度的影响，计量性能会发生变化甚至失准；

3）两次周期检定之间缺乏必要的技术考核，很难确保计量器具在日常测试中始终保证量值的准确可靠。

尽管有这些缺点，但到目前为止，它还是量值传递的主要方式。

2. 发放有证标准物质（CRM）传递

发放有证标准物质（CRM）目前主要用于化学计量领域。这种量值传递方式具有不送被检器具、检定迅速方便、可用于现场使用等优点。

3. 发播标准信号传递

通过发播标准信号进行量值传递是简便、迅速和准确的方式，但目前仅限于时间频率计量。由于时间频率量是目前唯一可以无实物传递实现远程量值传递和溯源的基本量，计量科学家正在研究使其他基本量与频率量之间建立确定的联系，这样便可以像发播时间频率信号那样来传递其他基本量了。

4. 实验室间比对

在缺少更高准确度计量标准或无法溯源到计量基准的情况下，可通过实验室间比对确定量值的一致程度，间接验证量值的准确性。特别是国家计量基准，通过国际间或区域间的实验室间比对，评价各国计量基准的赋值情况。

二、计量溯源性

计量溯源性是"指通过文件规定的不间断的校准链，测量结果与参照对象联系起来的特性，校准链中的每项校准均会引入测量不确定度"。

以钢直尺的检定为例，生产厂把使用的钢直尺送到具有三等标准金属线纹尺的计量检定机构检定，而该三等标准线纹尺是经过二等、一等标准线纹尺直至国家 633 nm 波长基准检定的，由此使钢直尺在生产中测量得到的长度值就通过这一条不间断的链与国家计量基准联系起来，实现了量值溯源，那么称该生产厂的钢直尺在生产中测量得到的长度值具有计量溯源性。

量值准确一致的前提是测量结果必须具有计量溯源性，具有计量溯源性的被测量的量值必须具有能与国家计量基准或国际计量基准相联系的特性。要获得这种特性，就要求用以测量的计量器具必须经过具有适当准确度的计量标准的检定，而该计量标准又受到上一等级计量标准的检定，逐级往上追溯，直至国家计量基准或国际计量基准。

三、国家计量检定系统表

国家计量检定系统表是由国务院计量行政部门组织制定、修订、批准颁布，由建立计量基准的单位负责起草的全国性技术规范。它用图表结合文字的形式，明确地规定了国家计量基准所包含的全套主要计量器具和主要计量特性，从计量基准通过计量标准向工作计量器具进行量值传递的程序，包括名称、测量范围、准确度、不确定度、允许误差和传递方法等。它反映了测量某个量的计量器具等级的全貌。自 1987 年至今，国务院计量行政部门颁布实施的国家计量检定系统表已有 95 种，编号为 JJG 2001～JJG 2067、JJG 2069～JJG 2096。

《计量法》规定"计量检定必须按照国家计量检定系统表进行"。同时，为满足计量器具的计量溯源性要求而实施校准时，也应该根据计量器具的准确度要求，在国家计量检定系统表中选择合适的溯源途径，绘制出该计量器具通过一条什么样的比较链与国家计量基准相联系的溯源等级图，以作为其计量溯源性的证据。

例如：在进行计量标准考核中，建标单位要编写计量标准技术报告，其中一项内容就是要依据国家计量检定系统表绘制所建计量标准的量值溯源和传递框图，用以阐述清楚建标单位的量值从哪里来，能够传递到哪些计量器具中。

国家计量检定系统表按 JJF 1104—2003《国家计量检定系统表编写规则》制定。图 3-1 给出了计量检定系统表框图的示意图，在使用国家计量检定系统表时要注意其附加说明。图 3-2 给出了 3 等量块标准器组量值溯源和传递框图示例。

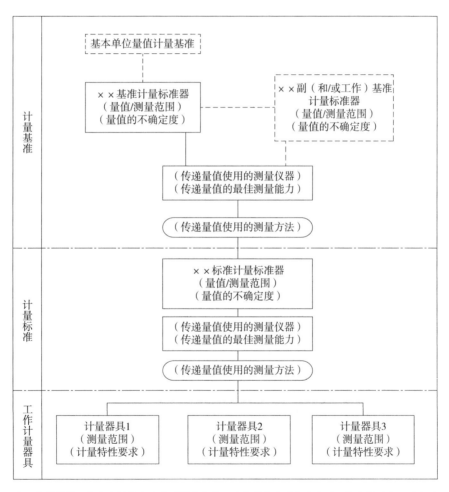

注：计量器具可能会有新的产品或不同的名称，在计量检定系统表中不可能全部列出。对未列入计量检定系统表的工作计量器具，必要时可根据其被测量、测量范围和工作原理，参考相应计量检定系统表中列出的计量器具的测量范围和工作原理，确定适合的量值传递途径。

图 3-1　计量检定系统表框图

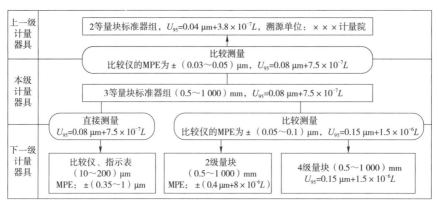

图 3-2　3 等量块标准器组量值溯源和传递框图示例

四、量值传递与量值溯源的关系

量值传递是按照计量检定系统表将计量基准所复现的量值科学、合理、经济、有效地逐级传递下去，以确保全国的计量器具的量值，在一定允差范围内有可比性，准确一致。量值溯源是通过不间断的比较链，使测量结果能够与国家或国际基准联系起来。

量值传递和量值溯源是同一过程的两种不同的表达，量值传递和量值溯源互为逆过程。量值传递强调从国家建立的计量基准或最高计量标准向下逐级传递，以确保全国的计量器具的量值在一定允差范围内准确一致，体现了法制性；量值溯源强调自下向上通过不间断的比较链，使测量结果能够与国家计量基准或国际计量基准联系起来，体现了自发性；量值传递有严格的等级划分，需要逐级向下传递，体现了规范性；量值溯源没有严格的等级划分，可以逐级向上溯源，也可以越级向上溯源，体现了自由性。表 3-1 列出了量值传递与量值溯源的比较。

表 3-1　量值传递与量值溯源的比较

区别点	量值传递	量值溯源
本质特征	法制性、规范性	自发性、自由性
实现方式	自上而下的方式，将国家计量基准的量值向下逐级传递到工作计量器具	自下而上的方式，将工作计量器具的量值最终溯源到国家基准或国际计量基准

区别点	量值传递	量值溯源
技术手段	检定、校准	检定、校准、实验室间比对或能力验证等多种方法
中间环节	有严格的等级划分，中间环节多	没有严格的等级划分，中间环节少，可以逐级溯源，也可以越级溯源，不受等级的限制
测量准确度	容易造成准确度损失	可以减少因逐级传递造成的准确度损失
技术依据	国家计量检定系统表、计量检定规程、计量校准规范	计量检定规程、计量校准规范、测量技术标准、说明书及双方协议等
侧重点	对计量器具及其量值的全面监督管理	将测量结果的值与国家计量基准或国际计量基准联系起来

五、量值传递与量值溯源的必要性

《计量法》第一条规定了计量立法宗旨，要保障国家计量单位制的统一和量值的准确可靠，为达到这一宗旨而进行的活动中最基础、最核心的过程就是量值传递和量值溯源。它既涉及科学技术问题，也涉及管理问题和法制问题。

任何计量器具都具有不同程度的误差，在运输、使用，甚至放置过程中由于种种原因，都会引起计量器具的计量特性发生变化。另外，对新制造的计量器具，由于设计、加工、装配和元件质量等各种原因引起的误差是否在允许范围内，也必须用适当等级的计量标准来检定，从而判断其是否合格。计量器具只有其误差在允许范围内时才能放心使用，否则将得出错误的测量结果。如果没有自国家计量基准、各级计量标准或有证标准物质进行的量值传递或各种计量器具向这些国家计量基准、计量标准或有证标准物质寻求的溯源，要使新制造或购置的、使用中的、修理后的、不同形式的、分布于不同地区、在不同环境下测量同一量值的计量器具都能在允许的误差范围内工作，是不可能的。

为保障全国量值传递的一致性和测量结果的可信度，为国民经济、社会发展及计量监督管理提供准确的检定、校准数据或结果，就必须加强量值传递的管理，保障量值溯源的有效性。

第三节　计量检定与校准

一、计量检定

计量检定在计量工作中具有非常重要的作用。计量检定即计量器具的检定，日常应用时常简称为检定，是指"查明和确认测量仪器符合法定要求的活动，它包括检查、加标记和（或）出具检定证书"。根据此定义，计量检定就是为评定计量器具是否符合法定要求，确定其是否合格所进行的全部工作。它是进行量值传递或量值溯源的重要形式，是实施计量法制管理的重要手段，是确保量值准确一致的重要措施。

1.计量检定的适用范围

计量检定的适用范围是《中华人民共和国依法管理的计量器具目录》中所列的计量器具，包括计量标准器具和工作计量器具，可以是实物量具、测量仪器和测量系统。

2.计量检定的原则

《计量法》第十一条规定："计量检定工作应当按照经济合理的原则，就地就近进行。"经济合理是指进行计量检定、组织量值传递要充分利用现有的计量设施，合理地设置检定机构。就地就近是指组织量值传递不受行政区划和部门管辖的限制。

3.计量检定的技术依据

计量检定必须依据计量检定规程进行。没有计量检定规程就不存在计量检定问题。校准规范、自编检定方法、标准中规定的检定方法等不能作为检定技术依据。

4.计量检定的内容

（1）按照计量检定规程中规定的检定条件、检定项目和检定方法，对计量器具进行实验操作和数据处理。

（2）按照计量检定规程规定的计量性能要求（例如：准确度等级、最大允许误差、测量不确定度、影响量、稳定性）和通用技术要求（例如：外观结构、防止欺骗、操作的适应性和安全性以及强制性标记和说明性标记）进行验证、检查和评价。

（3）对计量器具是否合格、符合哪一准确度等级作出检定结论，按检定规程规定的要求出具证书或加盖印记。结论为合格的，出具检定证书和／或加盖合格印；不合格的，出具检定结果通知书或注销原检定合格印、证。

5. 计量检定的特点

（1）计量检定的对象是计量器具（测量仪器），而不是一般的工业产品。

（2）计量检定的目的是确保量值的统一和准确可靠，其主要作用是评定计量器具的计量性能是否符合法定要求。

（3）计量检定的结论是确定计量器具是否合格，是否允许使用。

（4）计量检定具有计量监督管理的性质，即具有法制性。法定或授权的计量检定机构出具的检定证书，在社会上具有特定的法律效力。

二、校准

校准是指在规定条件下的一组操作，其第一步是确定由测量标准提供的量值与相应示值之间的关系，第二步则是用此信息确定由示值获得测量结果的关系，这里测量标准提供的量值与相应示值都具有测量不确定度。

1. 校准的对象

校准对象是测量仪器、测量系统、实物量具或参考物质。

2. 校准的技术方法

校准方法依据的是国家计量校准规范。如果需要进行的校准项目尚未制定国家计量校准规范，应尽可能使用公开发布的，如国际的、地区的或国家的标准或技术规范，也可采用经确认的如下校准方法：由知名的技术组织、有关科学书籍或期刊公布的，设备制造商指定的，或实验室自编的校准方法，以及计量检定规程中的相关部分。

3. 校准的内容

校准内容是按照合理的溯源途径和国家计量校准规范或其他经确认的校准技

术文件所规定的校准条件、校准项目和校准方法，将被校对象与计量标准进行比较和数据处理。校准所得结果可以是给出被测量示值的校准值，如给实物量具赋值，也可以是给出示值的修正值，如实物量具标称值的修正值，或给出仪器的校准曲线或修正曲线，也可以确定被测量的其他计量性能，如确定其温度系数、频响特性等。这些校准结果的数据应清楚明确地表达在校准证书或校准报告中。报告校准值或修正值时，应同时报告它们的测量不确定度。

三、计量检定与校准的区别与联系

计量检定和校准是评定计量器具计量性能的两种基本方式。从国际上多数国家看，计量检定是属于法制计量范畴，其对象主要是强制检定的计量器具，而大量的非强制检定的计量器具，为确保其准确可靠，为使其测量结果具有计量溯源性，一般通过校准进行管理。根据校准的定义，它可以直观地理解为确定示值误差及其他计量特性的一组操作，所以在实施计量检定的计量性能检查中就包含着校准。计量检定与校准的比较见表 3-2。

表 3-2　计量检定与校准比较表

比较项目	计量检定	校准
目的	对计量器具的计量性能要求和通用技术要求进行全面评定，确保全国量值的统一	确定计量器具的校准值、修正值或被测量的其他计量性能，确保量值准确
对象	依法管理的计量器具	非强制检定的计量器具（测量仪器、测量系统、实物量具、标准物质）
依据	计量检定规程（国家、地方、行业）	校准规范或参照检定规程、国家标准或双方认同的其他技术文件，可作统一规定，也可自行规定
结论	对所检的计量器具给出合格与否的判定	不判断计量器具合格与否，以满足客户使用要求为准
性质	具有法制性	属于组织自愿的溯源行为，是一种技术活动，不具有法制性
证书	检定合格，出具检定证书或检定合格证或加盖检定合格印；检定不合格，出具检定结果通知书或注销原检定合格印、证	校准证书或校准报告，报告中可给出校准值、示值的修正值，或给出仪器的校准图、校准曲线或修正曲线

续表

比较项目	计量检定	校准
周期	不得超过计量检定规程的规定	按照客户要求提出校准间隔的建议，也可以由组织根据使用需要自行确定，可以定期、不定期或使用前进行
执行机构	法定计量检定机构（依法设置或授权）	法定计量检定机构或经过国家认可的校准实验室
测量不确定度	一般不提供	需要提供
传递方式	量值传递，由上而下	量值溯源，由下而上
非标准方法	不允许	允许
分包	不允许	允许
区域管理	县级以上人民政府计量行政部门实施区域管理	不实施区域管理
相同点	1）都是测量仪器计量特性的评定形式，确保测量仪器量值准确。2）都是实现单位统一、量值准确可靠的活动，即都属于计量范畴。3）在大多数情况下，两者都是按照相同的测量程序进行的。	

四、计量检定和校准的技术依据

计量检定和校准必须依据相关的技术文件，如计量检定规程、计量校准规范等。在每一个技术文件中都明确了该文件的适用范围，包括适用于哪一种计量器具或量值，以及要达到的目的。文件中规定了计量要求，包括被测的量值、测量范围、准确度要求等；也规定了通用技术要求，如外观结构、安全性能等。文件中还规定了进行检定或校准必备的条件，包括设备要求和环境条件要求。设备要求包括计量标准器具和配套设备的要求，如计量标准器具和配套设备的名称、准确度指标、功能要求等。环境条件要求包括环境参数的技术指标，如所需的温度范围、湿度范围等。每一次实施计量检定或校准都必须按照相关技术文件中的要求来进行。

（一）计量检定依据的技术文件

计量检定要依据计量检定规程。

计量检定规程有国家计量检定规程、部门计量检定规程和地方计量检定规程三类。

国家计量检定规程由国务院计量行政部门组织制定，在全国范围内施行。国务院有关主管部门制定的部门计量检定规程，在本部门内施行。省级人民政府市场监管部门制定的地方计量检定规程，在本行政区域内施行。

对于某计量器具，如果发布了国家计量检定规程时，该计量器具的其他部门计量检定规程和地方计量检定规程就自动废止。

（二）校准依据的技术文件

校准要根据顾客要求选择适当的技术文件。首选国家计量校准规范或计量检定规程，其次是满足客户要求的、公开发布的国际的、地区的或国家的技术标准或技术规范，或选择知名的技术组织或有关科学书籍和期刊最新公布的方法，或由设备制造商指定的方法。还可以使用自编的校准方法文件，自编校准方法依据JJF 1071《国家计量校准规范编写规则》编写，经确认后使用。

五、计量检定和校准结果的评定

（一）计量检定结果的评定

按照所依据的计量检定规程的程序对各检定项目进行检查，包括对示值误差的检查和其他计量性能的检查，判断所得到的结果与法定要求是否符合，全部符合要求的结论为"合格"，且根据其达到的准确度等级给出符合 × 等或 × 级的结论。判断合格与否的原则见 JJF 1094—2002《测量仪器特性评定》。凡检定结果合格的，按《计量检定印、证管理办法》出具检定证书或检定合格证或加盖检定合格印；不合格的，则出具检定结果通知书或注销原检定合格印、证。

（二）校准结果的评定

校准得到的结果是修正值或校准值，以及这些值的不确定度信息。校准结果也可以是反映其他计量特性的数据，如影响量的作用及其不确定度信息。对于计量标准器具的溯源性校准，可根据国家计量检定系统表的规定作出符合其中哪一等级计量标准的结论。对一般校准服务，只要提供结果数据及其测量不确定度即可。校准结果可出具校准证书或校准报告。如果顾客要求依据某技术标准或规范给出符合与否的判断，则应指明符合或不符合该标准或规范的哪些条款。

第四节 计量比对

一、计量比对的定义

比对是"在规定条件下，对相同准确度等级或指定不确定度范围的同种测量仪器复现的量值之间比较的过程"。

计量比对是指"在规定条件下，对相同准确度等级或者指定测量不确定度范围内的同种计量基准、计量标准以及标准物质所复现的量值之间进行比较的过程"。

二、比对的作用

各国家计量院参加国际计量局或区域计量组织实施的比对且测量结果与比对参考值之差处于比对不确定度范围以内，其比对结果可以作为各国计量院互相承认校准及测量能力的技术基础。若国家计量院的质量体系也获得认可，则其校准与测量能力得到国际计量局认可，其校准和测试证书在签署互认协议的米制公约成员国得到承认。国家计量院按照政府协议参加双边或多边比对且结果满意，可以按协议条款在一定条件下互认证书。

通过比对，能够考查各实验室测量量值的一致程度、考查实验室计量标准的可靠程度，检查各计量检定机构的检定准确度是否保持在规定的范围内。通过比对也能够考查各实验室计量检定人员技术水平和数据处理的能力，发现问题、积累经验。

由市场监管总局批准的计量基准、计量标准的比对是对计量基准、计量标准监督管理、考核计量技术机构的校准测量能力的一种方式，目的是提高我国计量基准、计量标准的水平，确保量值正确、一致、可靠。

三、计量比对的类型

国内计量比对包括：

（1）市场监管总局考核合格，并取得计量基准证书或者计量标准考核证书或者标准物质定级证书的计量基准或者计量标准或者标准物质量值的比对，简称为国家计量比对。

（2）经县级以上地方人民政府市场监管部门考核合格，并取得计量标准考核证书的计量标准量值的比对，简称为地方计量比对。

四、计量比对的有关规定

（1）除能够提供正当理由且经市场监管总局书面同意的以外，已取得国家计量比对所涉及的计量基准证书、计量标准考核证书或者标准物质定级证书的单位，应当按照有关规定参加市场监管总局组织的国家计量比对。无正当理由拒不参加国家计量比对的，限期改正；逾期不改正的，予以通报批评。

（2）主导实验室负责起草国家计量比对实施方案，征求各参比实验室的意见后确定，并报送市场监管总局。国家计量比对实施方案应当包括计量比对针对的量、目的、方法、传递标准或者样品、路线及时间安排、技术要求等。必要时，也可以规定比对实验的具体方法和不确定度评定方法或者限定比对结果的不确定度范围。

（3）国家计量比对完成后，各参比实验室应当在国家计量比对实施方案规定的时间内，将国家计量比对结果提交主导实验室，并对所报送材料的真实性负责。在规定时间内未报送相关材料的，限期改正；逾期未改正的，给予通报批评。

（4）主导实验室负责起草国家计量比对总结报告，并征求各参比实验室意见。

（5）国家计量比对结果符合规定要求的，可以作为计量基准和计量标准复查考核、标准物质定级、计量授权以及实验室认可的参考依据。国家计量比对结果偏离正常范围的，应当限期改正，暂停国家计量比对所涉及的计量基准、计量标准的量值传递工作和标准物质生产销售。

第四章
计量器具监督管理

计量器具是《计量法》的主要调整对象，是计量监督管理工作中的核心内容。《计量法》第二条明确规定："在中华人民共和国境内，建立计量基准器具、计量标准器具，进行计量检定，制造、修理、销售、使用计量器具，必须遵守本法。"作为一线从事计量监督管理工作的计量人员，其主要和大量的工作是对计量器具进行监督管理，包括：计量标准、计量检定、计量器具新产品、重点管理工作计量器具的监督管理以及组织仲裁检定、调解计量纠纷等。

第一节　计量标准监督管理

计量标准是量值传递和量值溯源体系的重要载体，是确保量值准确可靠和统一的重要支撑。加强计量标准的建设与监督管理，适应经济社会发展和实施强制检定的需要，是计量监督管理工作的重点任务之一。

一、计量标准器具核准

为了保障计量标准具备相应测量能力并能够在正常的技术状态下进行工作，保证量值准确可靠，《计量法》规定，县级以上人民政府计量行政部门建立的社会公用计量标准和部门、企业、事业单位建立的各项最高计量标准，都要经依法考核合格后使用，这是保障全国量值准确一致的必要手段。计量标准器具核准是计量领域的 4 项行政许可事项之一。

（一）法制管理依据

1. 法律

《计量法》第六条规定："县级以上地方人民政府计量行政部门根据本地区的需要，建立社会公用计量标准器具，经上级人民政府计量行政部门主持考核合格后使用。"

《计量法》第七条规定："国务院有关主管部门和省、自治区、直辖市人民政府有关主管部门，根据本部门的特殊需要，可以建立本部门使用的计量标准器具，其各项最高计量标准器具经同级人民政府计量行政部门主持考核合格后使用。"

《计量法》第八条规定："企业、事业单位根据需要，可以建立本单位使用的计量标准器具，其各项最高计量标准器具经有关人民政府计量行政部门主持考核合格后使用。"

2. 行政法规

《计量法实施细则》第七条规定："计量标准器具的使用，必须具备下列条件：

（一）经计量检定合格；

（二）具有正常工作所需要的环境条件；

（三）具有称职的保存、维护、使用人员；

（四）具有完善的管理制度。"

《计量法实施细则》第八条规定："社会公用计量标准对社会上实施计量监督具有公证作用。县级以上地方人民政府计量行政部门建立的本行政区域内最高等级的社会公用计量标准，须向上一级人民政府计量行政部门申请考核；其他等级的，由当地人民政府计量行政部门主持考核。

"经考核符合本细则第七条规定条件并取得考核合格证的，由当地县级以上人民政府计量行政部门审批颁发社会公用计量标准证书后，方可使用。"

《计量法实施细则》第九条规定："国务院有关主管部门和省、自治区、直辖市人民政府有关主管部门建立的本部门各项最高计量标准，经同级人民政府计量行政部门考核，符合本细则第七条规定条件并取得考核合格证的，由有关主管部门批准使用。"

《计量法实施细则》第十条规定："企业、事业单位建立本单位各项最高计量标准，须向与其主管部门同级的人民政府计量行政部门申请考核。乡镇企业向当地县级人民政府计量行政部门申请考核。经考核符合本细则第七条规定条件并取得考核合格证的，企业、事业单位方可使用，并向其主管部门备案。"

3. 国务院计量行政部门规章

《计量标准考核办法》全文（略）。

（二）计量标准主持考核单位

（1）市场监管总局组织建立的社会公用计量标准、国务院有关部门及所属企事业单位建立的各项最高等级计量标准、省级人民政府市场监管部门组织建立的各项最高等级社会公用计量标准，由市场监管总局主持考核。

（2）省级人民政府市场监管部门组织建立的其他等级社会公用计量标准、省级人民政府有关部门及所属企事业单位建立的各项最高等级计量标准、地（市）级市场监管部门组织建立的各项最高等级社会公用计量标准，由省级人民政府市场监管部门主持考核。

（3）市级人民政府市场监管部门组织建立的其他等级社会公用计量标准，市级人民政府有关部门及所属企事业单位建立的各项最高等级计量标准、县级人民政府市场监管部门组织建立的最高等级社会公用计量标准，由市级人民政府市场监管部门主持考核。

（4）县级人民政府市场监管部门组织建立的其他等级社会公用计量标准，县级人民政府有关部门及所属企事业单位建立的各项最高等级计量标准由县级人民政府市场监管部门主持考核。

（5）无主管部门的企业单位建立的最高等级计量标准，由该企业登记注册地的市场监管部门主持考核，但乡镇企业应由当地县级人民政府计量行政部门主持考核。

（三）计量标准考核程序

计量标准器具核准的一般程序：申请、受理审查、组织技术考评、审核发证。

1. 申请

在中华人民共和国境内依法注册的独立法人单位，按建立的计量标准的不同，向相应的计量标准考核单位提出申请。

2. 受理审查

主持考核的各级市场监管部门在接到计量标准器具核准申请资料后，依法审查，决定是否受理。

3. 组织技术考评

组织技术考评是由组织考核的市场监管部门将申请资料发送至考评单位或考评组。考评单位或考评组安排考评员按照《计量标准考核办法》执行考评任务，给出考评结论和意见，并将考评完毕的考核材料报送组织考核的市场监管部门。

4. 审核发证

主持考核的市场监管部门根据考评材料，对于考核合格的，发送准予行政许可决定书，签发计量标准考核证书；对于考核不合格的，发送不予许可决定书或计量标准考核结果通知书，并将申请资料退回申请单位。

（四）计量标准考核相关管理要求

（1）主持考核的市场监管部门所辖区域内的计量技术机构具有与被考核计量标准相同或者更高等级的计量标准，并有该项目备案计量标准考评员的，应当自行组织考核；不具备上述条件的，应当呈报上一级市场监管部门组织考核。

（2）组织考核的市场监管部门应当委托具有相应能力的单位或者考评组承担计量标准考核的考评任务。

计量标准的考评工作由计量标准考评员执行。特殊项目，组织考核的市场监管部门可聘请技术专家和计量标准考评员组成考评组执行考评工作。

计量标准考评员分为两级，计量标准一级考评员由市场监管总局组织考核，计量标准二级考评员由省级市场监管部门组织考核。

（3）新建计量标准的考核采取现场考评的方式，并通过现场实验对测量能力进行验证；计量标准的复查考核可以采取现场考评、函审或者现场抽查的方式进行。

（4）计量标准考核证书的有效期为5年。在证书有效期内，如需要更换、封存和注销计量标准，应当向主持考核的市场监管部门申报、履行有关手续。注销计量标准的，由主持考核的市场监管部门收回计量标准考核证书。

（5）计量标准考核证书有效期届满前6个月，持证单位应当向主持考核的市场监管部门申请复查考核。经复查考核合格的，准予延长有效期；不合格的，主持考核的市场监管部门应当向申请复查考核单位发送不予行政许可决定。超过计量标准考核证书有效期的，申请考核单位应当按照新建计量标准重新申请考核。

二、计量标准的监督检查

（一）监督检查内容

（1）检查计量标准考核证书的有效性，检查是否超过计量标准的有效期开展计量检定、校准工作。

（2）检查每项计量标准是否建立计量标准文件集并规范管理。

（3）检查是否动态更新计量标准履历书。

（4）检查计量标准的溯源性是否符合要求，计量标准器及主要配套设备是否均有连续、有效的计量检定或校准证书。

（5）检查计量标准的更换、封存、注销是否按规定履行相关手续，取得主持考核单位批准。

（二）监督检查的实施

（1）建立辖区内建立计量标准单位的"检查对象名录库"和"检查人员名录库"，并保持动态更新。

（2）随机抽取检查对象、检查人员。

（3）下达检查通知书。

（4）检查人员按照计量标准监督检查记录表（格式见表4-1，供参考）的内容逐项进行检查，并填写记录，形成检查结果，并就检查结果与被检查单位进行确认。

表 4-1 计量标准监督检查记录表

检查对象名称					
单位地址					
联系人		联系方式			
抽查的计量标准					
检查项目	检查内容	检查方法	检查结论		备注
1 计量标准器及配套设备	1.1 计量标准器及配套设备科学合理、完整齐全，满足开展计量检定、校准工作需要	*1.1.1 检查计量标准器及配套的计量设备是否符合要求。 1.1.2 检查计量标准及配套的计量设备实物是否与计量标准考核证书上的信息一致	□符合 □不符合 □存在缺陷 存在问题说明：		
	1.2 计量标准溯源性符合要求	*1.2.1 检查计量标准器的量值是否溯源到社会公用计量标准或国家基准，配套的计量设备是否经计量检定合格或者校准。 1.2.2 检查计量标准器及配套的计量设备溯源证书是否连续有效	□符合 □不符合 □存在缺陷 存在问题说明：		
	1.3 计量标准器及配套设备更换符合要求	1.3.1 检查是否按照计量标准更换要求履行相关手续。 1.3.2 检查计量标准履历书及设备台账，如有更换，是否及时更新	□符合 □不符合 □存在缺陷 存在问题说明：		
2 计量标准环境条件及设施	2.1 具备计量标准正常工作所需的环境条件和工作场地	*2.1.1 检查温度、湿度、照明、供电等环境条件是否符合相关要求。 2.1.2 检查是否对温度、湿度等参数进行检测和记录。 2.1.3 检查计量标准环境条件和设施发生重大变化后，是否办理相关手续；对于因环境条件和设施发生重大变化，导致计量标准的主要特性发生变化的，是否及时申请计量标准复查考核	□符合 □不符合 □存在缺陷 存在问题说明：		

续表

检查项目	检查内容	检查方法	检查结论	备注
3 计量标准人员配备及能力	3.1 具备满足能力和要求的相关人员	3.1.1 检查是否配备至少两名具有相应能力的计量检定/校准人员和一名具有相应资质的计量标准负责人（具有注册计量师职业资格或工程师以上技术职称）。 3.1.2 检查计量标准考核（复查）申请书上记载的人员与现有人员是否一致，如有更换人员是否在计量标准履历书中予以登记	□符合 □不符合 □存在缺陷 存在问题说明：	
4 计量标准文件集	4.1 每项计量标准是否建立计量标准文件集并规范管理	4.1.1 检查计量标准文件集的内容是否完整，是否有现行有效的计量检定规程或技术规范。 4.1.2 查看计量标准履历书是否记录了相关信息	□符合 □不符合 □存在缺陷 存在问题说明：	
	4.2 制定并执行相关管理制度	4.2.1 检查是否按照 JJF 1033《计量标准考核规范》要求建立了实验室岗位管理制度等九项管理制度。 4.2.2 检查是否对按照相应的管理制度进行管理	□符合 □不符合 □存在缺陷 存在问题说明：	
5 计量标准测量能力确认	5.1 计量标准的稳定性考核符合要求	*5.1.1 检查计量标准每年是否进行稳定性考核并记录（如适用）	□符合 □不符合 □存在缺陷 存在问题说明：	
	5.2 计量检定或校准结果重复性试验符合要求	5.2.1 检查计量标准每年是否进行重复性试验并记录（如适用）	□符合 □不符合 □存在缺陷 存在问题说明：	
	5.3 计量比对符合要求	5.3.1 检查是否按照要求参加计量比对，比对结果不合格的是否按要求完成整改（如适用）	□符合 □不符合 □存在缺陷 存在问题说明：	

检查结果汇总
检查中存在的不合格、缺陷情况汇总：   检查组长：　　　　检查组员： 年　月　日
被检查单位确认意见：   单位负责人： （盖章） 年　月　日

填表说明：

一、检查依据

《行政许可法》《计量法》《计量法实施细则》《计量标准考核管理办法》《计量违法行为处罚细则》《市场监督管理行政许可程序暂行规定》《计量标准考核规范》（JJF 1033）及计量标准相关技术规范。

二、检查结论判定标准

1. 各项检查项目均符合要求，检查结论为合格。

2. 带"*"的重点检查项目存在问题的，检查结论为不合格。

3. 不带"*"的一般检查项目存在问题的，检查结论为存在缺陷。

三、处理措施

1. 对检查结论为存在缺陷的，整改期限为 15 个工作日。

2. 对检查结论为不合格的，依据相关规定进行处理。

第二节　计量检定监督管理

为保证计量器具量值准确，特别是强制检定计量器具的量值准确，国家根据各种计量器具的不同用途及其可能对社会产生影响的程度，在统一立法基础上区别对待，采取不同的法制管理形式，即"强制检定"和"非强制检定"。

一、强制检定

计量器具强制检定是《计量法》的重要内容之一，它既是人民政府计量行政部门进行法制监督的主要任务，也是承担强制检定任务的计量技术机构的重要职责。实行强制检定的工作计量器具被广泛地应用于社会的各个领域，关系到人民群众身体健康和生命财产安全，关系到广大企业、事业单位的合法权益以及国家、集体和消费者的利益。

（一）法制管理依据

（1）法律

《计量法》第九条规定："县级以上人民政府计量行政部门对社会公用计量标准器具，部门和企业、事业单位使用的最高计量标准器具，以及用于贸易结算、安全防护、医疗卫生、环境监测方面的列入强制检定目录的工作计量器具，实行强制检定。未按照规定申请检定或者检定不合格的，不得使用。"

（2）行政法规

《计量法实施细则》第十一条规定："使用实行强制检定的计量标准的单位和个人，应当向主持考核该项计量标准的有关人民政府计量行政部门申请周期检定。

"使用实行强制检定的工作计量器具的单位和个人，应当向当地县（市）级人民政府计量行政部门指定的计量检定机构申请周期检定。当地不能检定的，向上一级人民政府计量行政部门指定的计量检定机构申请周期检定。"

《中华人民共和国强制检定的工作计量器具检定管理办法》全文（略）。

（二）强制检定的范围

1. 国家规定的强制检定计量器具

强制检定的范围包括强制检定的计量标准和强制检定的工作计量器具。

（1）强制检定的计量标准，包括社会公用计量标准，部门和企业、事业单位使用的最高计量标准。

（2）强制检定的工作计量器具，范围是用于安全防护、贸易结算、医疗卫生、环境监测方面，列入市场监管总局 2020 年第 42 号公告发布的《实施强制管理的计量器具目录》（见表 4-2）中，且监管方式为"强制检定"和"型式批准、强制检定"的工作计量器具。

表 4-2　实施强制管理的计量器具目录

一级序号	二级序号	一级目录	二级目录	监管方式	强检方式	强检范围及说明
1	（1）	体温计	体温计	型式批准强制检定	玻璃体温计只做型式批准和首次强制检定，失准报废；其他体温计周期检定	用于医疗卫生：医疗机构对人体温度的测量
2	（2）	非自动衡器	非自动衡器	型式批准强制检定	周期检定	用于贸易结算：商品、包裹、行李、粮食等的称重
3	（3）	自动衡器	动态汽车衡（车辆总重计量）	型式批准强制检定	周期检定	用于安全防护：车辆超限超载的称重；用于贸易结算：商品的称重
4	（4）	轨道衡	轨道衡	型式批准强制检定	周期检定	用于贸易结算：商品的称重
5	（5）	计量罐	铁路计量罐（车）	强制检定	周期检定	用于贸易结算：液体容积的测量
	（6）		船舶液货计量舱（供油船舶计量舱、船舶污油舱、污水舱、运输船舶计量舱 5000 载重吨以下）	强制检定	周期检定	用于贸易结算：原油、成品油及其他液体或固体容积的测量
	（7）		立式金属罐	强制检定	周期检定	用于贸易结算：液体容积的测量

续表

一级序号	二级序号	一级目录	二级目录	监管方式	强检方式	强检范围及说明
6	（8）	称重传感器	称重传感器	型式批准	—	—
7	（9）	称重显示器	称重显示器	型式批准	—	—
8	（10）	加油机	燃油加油机	型式批准 强制检定	周期检定	用于贸易结算：成品油流量的测量
9	（11）	加气机	液化石油气加气机	型式批准 强制检定	周期检定	用于贸易结算：石油气流量的测量
	（12）		压缩天然气加气机	型式批准 强制检定	周期检定	用于贸易结算：天然气流量的测量
	（13）		液化天然气加气机	型式批准 强制检定	周期检定	用于贸易结算：天然气流量的测量
10	（14）	水表	水表 DN15～DN50	型式批准 强制检定	工业用：周期检定；生活用：首次强制检定，限期使用，到期轮换	用于贸易结算：用水量的测量
11	（15）	燃气表	燃气表 G1.6～G16	型式批准 强制检定	工业用：周期检定；生活用：首次强制检定，限期使用，到期轮换	用于贸易结算：煤气（天然气）用量的测量
12	（16）	热能表	热能表 DN15～DN50	型式批准 强制检定	周期检定	用于贸易结算：用热量的测量
13	（17）	流量计	流量计（口径范围DN300及以下）	型式批准 强制检定	周期检定	用于贸易结算：液体、气体、蒸汽流量的测量
14	（18）	血压计（表）	无创自动测量血压计	型式批准 强制检定	周期检定	用于医疗卫生：医疗机构对人体血压的测量
	（19）		无创非自动测量血压计	型式批准 强制检定	周期检定	用于医疗卫生：医疗机构对人体血压的测量
15	（20）	眼压计	眼压计	型式批准 强制检定	周期检定	用于医疗卫生：医疗机构对人体眼压的测量

续表

一级序号	二级序号	一级目录	二级目录	监管方式	强检方式	强检范围及说明
16	（21）	压力仪表	指示类压力表、显示类压力表	型式批准强制检定	周期检定	用于安全防护：1.电站锅炉主气包和给水压力的测量；2.固定式空压机风仓及总管压力的测量；3.发电机、汽轮机油压及机车压力的测量；4.带报警装置压力的测量；5.密封增压容器压力的测量；6.有害、有毒、腐蚀性严重介质压力的测量
17	（22）	机动车测速仪	机动车测速仪	型式批准强制检定	周期检定	用于安全防护：机动车行驶速度的监测
18	（23）	出租汽车计价器	出租汽车计价器	型式批准强制检定	周期检定	用于贸易结算：出租汽车计时计里程的测量
19	（24）	电能表	电能表	型式批准强制检定	工业用：周期检定；生活用：首次强制检定，限期使用，到期轮换或根据表计状态延期	用于贸易结算：用电量的测量
20	（25）	声级计	声级计	型式批准强制检定	周期检定	用于环境监测：噪声的测量
21	（26）	听力计	纯音听力计	型式批准强制检定	周期检定	用于医疗卫生：医疗机构对人体听力的测量
	（27）		阻抗听力计	型式批准强制检定	周期检定	用于医疗卫生：医疗机构对人体听力的测量
22	（28）	焦度计	焦度计	型式批准强制检定	周期检定	用于医疗卫生：医疗机构、眼镜制配场所对眼镜镜片焦度的测量

续表

一级序号	二级序号	一级目录	二级目录	监管方式	强检方式	强检范围及说明
23	（29）	验光仪器	验光仪、综合验光仪	型式批准强制检定	周期检定	用于医疗卫生：医疗机构、眼镜制配场所验光使用
	（30）		验光镜片箱	型式批准强制检定	周期检定	用于医疗卫生：医疗机构、眼镜制配场所验光使用
	（31）		角膜曲率计	型式批准强制检定	周期检定	用于医疗卫生：医疗机构、眼镜制配场所测量角膜曲率使用
24	（32）	糖量计	糖量计	型式批准强制检定	周期检定	用于贸易结算：制糖原料含糖量的测量
25	（33）	烟尘粉尘测量仪	烟尘采样器	型式批准	—	—
	（34）		粉尘采样器	型式批准	—	—
	（35）		粉尘浓度测量仪	型式批准	—	—
26	（36）	颗粒物采样器	颗粒物采样器	型式批准	—	—
27	（37）	大气采样器	大气采样器	型式批准	—	—
28	（38）	透射式烟度计	透射式烟度计	型式批准强制检定	周期检定	用于环境监测：柴油发动机排放污染物的测量
29	（39）	水分测定仪	烘干法水分测定仪	型式批准强制检定	周期检定	用于贸易结算：水分的测量
	（40）		电容法和电阻法谷物水分测定仪	型式批准强制检定	周期检定	用于贸易结算：谷物水分的测量
	（41）		原棉水分测定仪	型式批准强制检定	周期检定	用于贸易结算：水分的测量
30	（42）	呼出气体酒精含量检测仪	呼出气体酒精含量检测仪	型式批准强制检定	周期检定	用于安全防护：对机动车司机是否酒后开车的监测
31	（43）	谷物容重器	谷物容重器	强制检定	周期检定	用于贸易结算：谷物收购时定等定价每升重量的测量

续表

一级序号	二级序号	一级目录	二级目录	监管方式	强检方式	强检范围及说明
32	（44）	乳汁计	乳汁计	强制检定	周期检定	用于贸易结算：乳汁浓度和密度的测量
33	（45）	电动汽车充电桩	电动汽车交（直）流充电桩/非车载直流充电机	强制检定	周期检定	用于贸易结算：向社会提供充电服务的电动汽车充电桩充电量的测量
34	（46）	放射治疗用电离室剂量计	放射治疗用电离室剂量计	强制检定	周期检定	用于医疗卫生：医疗机构对人体放射剂量的测量
35	（47）	医用诊断X射线设备	医用诊断X射线设备	强制检定	周期检定	用于医疗卫生：医疗机构对人体进行辐射诊断和治疗
36	（48）	医用活度计	医用活度计	强制检定	周期检定	用于医疗卫生：医疗机构以放射性核素进行诊断和治疗的核素活度的测量
37	（49）	心脑电测量仪器	心电图仪	强制检定	周期检定	用于医疗卫生：医疗机构对人体心电位的测量
	（50）		脑电图仪	强制检定	周期检定	用于医疗卫生：医疗机构对人体脑电位的测量
	（51）		多参数监护仪	强制检定	周期检定	用于医疗卫生：医疗机构对人体心电、脉搏、血氧饱和度等测量
38	（52）	电力测量用互感器	电力测量用互感器	500 kV（含）以下型式批准、强制检定；500 kV以上型式批准	周期检定	用于贸易结算：作为电能表的配套设备，对用电量的测量

续表

一级序号	二级序号	一级目录	二级目录	监管方式	强检方式	强检范围及说明
39	（53）	测绘仪器	手持式激光测距仪	型式批准	—	—
	（54）		全站仪	型式批准	—	—
	（55）		测地型 GNSS 接收机	型式批准	—	—
40	（56）	有毒有害、易燃易爆气体检测（报警）仪	二氧化硫气体检测仪	型式批准	—	—
	（57）		硫化氢气体分析仪	型式批准	—	—
	（58）		一氧化碳检测报警器	型式批准	—	—
	（59）		一氧化碳、二氧化碳红外线气体分析器	型式批准	—	—
	（60）		烟气分析仪	型式批准	—	—
	（61）		化学发光法氮氧化物分析仪	型式批准	—	—
	（62）		甲烷测定器	型式批准	—	—

2. 部分省份根据实际需要增加的强制检定计量器具

在国家规定的强制检定工作计量器具的基础上，部分省份根据地方性计量法规，增加了强制检定的计量器具。例如，浙江省市场监管局根据《浙江省计量监督管理条例》的规定，在国家《实施强制管理的工作计量器具目录》的基础上，将"行政执法、司法鉴定中用于认定事实和判定法律责任，且列入国家实施强制管理的计量器具目录的工作计量器具"纳入强制检定工作计量器具范围。

（三）强制检定的实施

1. 计量标准强制检定的实施

（1）指定检定机构，明确检定关系

社会公用计量标准，部门和企业、事业单位的各项最高计量标准应按照计量标准考核管辖关系，由主持考核该项计量标准的人民政府计量行政部门指定的法定计量检定机构具体实施强制检定。

对经考核合格并已投入使用的计量标准，主持考核的人民政府计量行政部门要根据本部门所属或授权的各法定计量检定机构开展检定的能力，及时指定有关检定机构承担强制检定任务；对于所属或授权的法定计量检定机构不能检定的计量标准，可以逐级报送上一级人民政府计量行政部门，由其指定检定机构。

（2）申请检定

使用强制检定的计量标准的单位，应向主持考核的人民政府计量行政部门指定的法定计量检定机构申请检定。

（3）安排检定计划、确定检定日期

法定计量检定机构收到检定申请后，应及时安排检定计划，确定检定的具体日期，并向申请单位发出送检或到现场检定的通知。

（4）执行检定

法定计量检定机构收到申请单位送检的计量标准器具后，应当在规定的期限内按时完成检定工作。到期未完成检定的，应当按申请者要求的时间进行检定。

（5）发证

检定合格的，发给检定合格证书。检定不合格的，发给检定结果通知书。

（6）异议处理

当事人对强制检定结果有异议的，可以自收到强制检定结果之日起十五日内向所在地设区的市级人民政府计量行政部门申请复检。

（7）检定信息建档、分析、汇总、报告

法定计量检定机构完成计量标准强制检定后，应定期及时汇总检定结果、建立计量标准档案，实施动态管理，适时更新相关信息。并对检定工作中发现的问题提出建议、措施，按照被检计量标准的建标考核管辖关系，报送主持考核的人民政府计量行政部门。对不按规定申请检定的单位，要按照计量违法案件查处程序，及时通知有关人民政府计量行政部门依法查处。

2. 工作计量器具强制检定的实施

（1）登记造册，报送备案

由使用单位或个人将其使用的强制检定的工作计量器具登记造册，报当地县级人民政府计量行政部门备案。

（2）指定检定机构

接受备案的县级人民政府计量行政部门应当指定检定机构，并通知使用单位或个人向该检定机构申请检定。当地不能检定的，呈报上级人民政府计量行政部门，由上级人民政府计量行政部门指定检定机构，并通知使用单位或个人向上级人民政府计量行政部门指定的检定机构申请检定。

（3）申请检定

由使用单位或个人向有关人民政府计量行政部门指定的检定机构申请周期检定。

（4）执行检定

法定计量检定机构收到申请单位送检的工作计量器具后，应当在规定的期限内按时完成检定工作。到期未完成检定的，应当按申请者要求的时间进行检定。

（5）发证

检定合格的，发给检定结果合格证书。检定不合格的，发给检定结果通知书。

（6）异议处理

当事人对强制检定结果有异议的，可以自收到强制检定结果之日起在规定时间内向所在地设区的市级人民政府计量行政部门申请复检。

（7）检定信息建档、分析、汇总、报告

法定计量检定机构完成工作计量器具强制检定后，建立档案，实施动态管理，适时更新相关信息，配合人民政府计量行政部门做好强制检定结果公开工作。每年定期及时汇总检定结果，并对检定工作中发现的问题提出建议、措施，报送当地人民政府计量行政部门。对不按规定申请检定的单位，要按照计量违法案件查处程序，及时通知有关人民政府计量行政部门依法查处。

（四）强制检定的周期管理

强制检定计量器具的检定周期应根据计量检定规程规定的检定周期执行，计量检定规程规定的检定周期是法定的最长检定周期，一般情况不需要进行调整。当法定（含授权）计量检定机构需要对强制检定工作计量器具的检定周期进行调整时，应根据原国家质量技术监督局《关于加强调整强制检定工作计量器具检定周期管理工作的通知》（质技监局量发〔2000〕182号）的规定实施，具体规定如下：

（1）凡某类计量器具连续两个检定周期合格率低于95%（计量器具主要计量性能指标）或某台（件）计量器具连续两个检定周期主要计量性能指标不合格的，

法定（含授权）计量检定机构可根据相关的检定规程，结合实际使用情况适当缩短其检定周期，但缩短后的检定周期不得低于规程规定的检定周期的 50%；缩短检定周期后的该类或该台（件）计量器具，若连续两个周期检定合格率在 97% 以上（含 97%），或连续三次周期检定合格，应当恢复执行规程规定的检定周期。

（2）如需调整强制检定周期的，法定（含授权）计量检定机构必须向当地省级人民政府计量行政部门提出调整检定周期的申请方案，报送检定原始记录及数据统计分析表等资料复印件，经审核批准备案后，方可调整强制检定周期。申请方案未经批准，各级法定（含授权）计量检定机构不得擅自调整强制检定周期。

二、非强制检定

非强制检定是指对除强制检定的计量器具以外的计量器具进行的检定。非强制检定的计量器具，如有计量检定规程，使用者可自行选择检定或校准；如没有计量检定规程，使用者只能选择校准的方式。

三、计量检定印、证的监督管理

计量检定印、证是证明计量器具经检定合格后，唯一具有法律效力的技术文件或标志，是计量监督管理工作中的重要依据。计量器具经法定计量检定机构检定后出具的检定印、证，是评定计量器具的性能和质量是否符合法定要求的技术判断，是评定该计量器具检定结果的法定结论，是整个检定过程中不可缺少的重要环节。经计量基准、社会公用计量标准检定出具的检定印、证，是一种具有权威性和法制性的标记或证明，在调解、审理、仲裁计量纠纷时，可作为法律依据，具有法律效力。

（一）法制管理依据

（1）行政法规

《计量法实施细则》第五十八条规定："本细则有关的管理办法、管理范围和各种印、证标志，由国务院计量行政部门制定。"

（2）行政规范性文件

《计量检定印、证管理办法》全文（略）。

（二）计量检定印、证的种类

计量检定印、证包括：

（1）检定证书：以证书形式证明计量器具已经过检定，符合法定要求的文件。

（2）检定结果通知书（又称检定不合格通知书）：证明计量器具不符合有关法定要求的文件。

（3）检定合格证：证明检定合格的证件。

（4）检定合格印：证明计量器具经过检定合格而在计量器具上加盖的印记。例如，在计量器具上加盖检定合格印（錾印、喷印、钳印、漆封印）。

（5）注销印：经检定不合格，注销原检定合格的印记。

（三）计量检定印、证的管理

计量检定印、证的管理，必须符合《计量检定印、证管理办法》及有关国家计量检定规程和规章制度的规定。计量器具的检定结论不同，使用的检定印、证也不同。

（1）计量器具经检定合格的，由检定单位按照计量检定规程的规定，出具检定证书、检定合格证或加盖检定合格印。

（2）计量器具经周期检定不合格的，由检定单位出具检定结果通知书（或检定不合格通知书）或注销原检定合格印、证。

（3）检定证书或检定结果通知书必须字迹清楚，数据无误，内容完整，有检定、核验、主管人员签字，并加盖检定单位印章。

（4）计量检定印、证，应有专人保管，并建立使用管理制度。检定合格印应清晰完整。残缺、磨损的检定合格印，应立即停止使用。

（5）对伪造、盗用、倒卖强制检定印、证的，没收其非法检定印、证和全部违法所得，可并处罚款；构成犯罪的，依法追究刑事责任。

（四）计量检定证书和检定结果通知书格式

一份完整格式的计量检定证书由封面和内页组成，内页由计量标准信息和检定结果组成。

1. 封面格式

原质检总局《关于印发新版〈检定证书〉和〈检定结果通知书〉封面格式式样的通知》（国质检量函〔2005〕861号）、《关于启动新版〈检定证书〉和〈检定结果通知书〉封面格式式样有关问题补充说明的通知》（国质检量函〔2006〕13号）对检定证书和检定结果通知书封面格式式样作出了规定。具体规定如下：

（1）检定证书和检定结果通知书封面规格为：210 mm×297 mm（宽×高），即A4纸张大小，封面格式应当按照（国质检量函〔2005〕861号）通知规定的格式进行印制，其固定格式印制和后续填写均应使用中文（数字部分可除外）。

（2）文字字体字号推荐："检定单位名称"为黑体二号加粗字，"检定证书"和"检定结果通知书"为黑体一号加粗字，"计量检定机构授权证书号""地址""邮编""电话""传真"和"EMAIL"（电子邮箱）为黑体五号字，其他中文为黑体小四号字。

（3）除"批准人""核验员""检定员"等签字处必须手写外，建议其他部分使用计算机进行打印；如手写，字迹应工整清楚，并不得涂改。

（4）"检定专用章"应采用钢印。

（5）"证书编号"由各计量检定机构根据本单位的管理需要自行编制。

（6）"检定依据"栏应填写检定所依据的计量检定规程编号。

（7）需要在检定证书和检定结果通知书上加注机构标志的，机构标志应加注在封面的左上角或右上角；有条件的单位，可以对检定证书和检定结果通知书的封面采用防伪技术，但不应破坏封面的整体格式式样。

（8）个别申请检定的客户确需中英文对照的检定证书、检定结果通知书的，承检机构可以出具中英文对照的检定证书、检定结果通知书。

（9）对中英文对照的检定证书、检定结果通知书的内容存有歧义的，应当以中文文本为准。

2. 内页格式

自行设计格式，但内容至少应包括相应检定规程规定的内容。

第三节　仲裁检定与计量调解

凡因计量器具准确度引起的纠纷，统称计量纠纷。处理计量纠纷通常有两种方式：一是仲裁检定，二是计量调解。

一、法制管理依据

1. 法律

《计量法》第二十一条规定："处理因计量器具准确度所引起的纠纷，以国家计量基准器具或者社会公用计量标准器具检定的数据为准。"

2. 行政法规

《计量实施细则》第三十四条规定："县级以上人民政府计量行政部门负责计量纠纷的调解和仲裁检定，并可根据司法机关、合同管理机关、涉外仲裁机关或者其他单位的委托，指定有关计量检定机构进行仲裁检定。"

《计量法实施细则》第三十五条规定："在调解、仲裁及案件审理过程中，任何一方当事人均不得改变与计量纠纷有关的计量器具的技术状态。"

《计量法实施细则》第三十六条规定："计量纠纷当事人对仲裁检定不服的，可以在接到仲裁检定通知书之日起 15 日内向上一级人民政府计量行政部门申诉。上一级人民政府计量行政部门进行的仲裁检定为终局仲裁检定。"

3. 行政规范性文件

《仲裁检定和计量调解办法》全文（略）。

二、仲裁检定

（一）仲裁检定的概念

当计量纠纷的双方在相互协商不能解决纠纷的情况下，或双方对数据争执不下时，最终应以国家计量基准或社会公用计量标准检定的数据来判断。仲裁检定就是指用计量基准或社会公用计量标准所进行的以裁决为目的的检定、测试活动。仲裁检定是为解决计量纠纷而实施的。

仲裁检定的结果将作为计量调解的依据。而伪造数据或破坏计量器具准确度造成的纠纷，仲裁检定的结果将作为追究违法行为的证据。

（二）仲裁检定的实施

（1）县级以上人民政府计量行政部门负责受理当事人双方或一方的仲裁检定申请或司法机关和仲裁机构的仲裁检定委托（格式见表4-3、表4-4，供参考）。

表4-3　仲裁检定申请书格式

申请人					
地址		邮编		电话	
法定代表人		职务			
被申请人					
地址		邮编		电话	
法定代表人		职务			
申请仲裁检定的计量器具					
型号规格		名称			
产品编号		准确度			
其他信息					
申请仲裁检定的请求事项： 事实和理由： 　此致 ××市场监督管理局					
附： 1.本申请书副本　　　份　　　　　　申请人：（签名或盖章） 2.有关证明材料或实物　　　份　　　法定代表人：（签名） 　　　　　　　　　　　　　　　　　　　　　　　　年　月　日					

表 4-4　仲裁检定委托书格式

委托人					
地址				邮编	
法定代表人		职务		电话	
受委托人					
委托仲裁检定的计量器具					
名称		型号规格			
产品编号		准确度			
其他信息					

　　根据需要，现委托_____（受委托的市场监督管理部门）指定有关计量检定机构对_____（委托仲裁检定的计量器具名称）进行仲裁检定，并将仲裁检定结果及时通知委托人。委托仲裁检定的内容和要求如下：

委托人：（盖章）
年　月　日

（2）人民政府计量行政部门在受理仲裁检定申请后，指定法定计量检定机构承担仲裁检定任务，确定仲裁检定的时间地点，并发出仲裁检定通知书（格式见表 4-5，供参考）。

（3）纠纷双方在接到通知后，对与纠纷有关的计量器具实行保全措施，即不允许以任何理由破坏其原始状态。进行仲裁检定时，当事人双方应在场，无正当理由拒不到场的，可进行缺席仲裁检定。

（4）仲裁检定必须使用国家计量基准或社会公用计量标准，依据国家计量检定规程或人民政府计量行政部门指定的检定方法文件进行。仲裁检定需在规定的时限内完成，出具仲裁检定证书（格式见表 4-6，供参考）。

表 4-5　仲裁检定通知书格式

（　　）市监仲字［　　］第　　号

_____：

　　_____（申请人或委托人）于_____年__月__日提出_____（计量器具）仲裁检定申请（委托）。根据《中华人民共和国计量法实施细则》等有关法规规章的规定，我局决定由_____（执行仲裁检定的计量检定机构名称）于_____年__月__日时起在_____（地址）进行仲裁检定。

　　请申请人和被申请人持有关材料和本通知书按规定时间到达仲裁检定现场。无正当理由拒不到场的，将进行缺席仲裁检定。

　　委托人可以自愿到达仲裁检定现场。委托人不到场的，不影响仲裁检定的进行。

　　自本通知生效之日起，申请人和被申请人应当对与计量纠纷有关的计量器具实行保全措施。

××市场监督管理局（印章）
年　月　日

　　1. 本通知书一式四份，正本送当事人、委托人和执行仲裁检定的计量检定机构，副本留市场监管部门存档。

　　2. 本通知书中的申请人和被申请人为计量纠纷的双方当事人，委托人为非计量纠纷当事人。

　　3. 本通知书第一行按通知单位（当事人、委托人和执行仲裁检定的计量检定机构）分别填写。

表 4-6　仲裁检定证书格式

（承担仲裁检定的机构名称）
仲裁检定证书
证书编号：仲　字　第__号

申请仲裁检定的计量器具名称：
型号规格：
制造厂：
计量器具编号：
仲裁检定结论：

计量基准或社会公用计量标准证号：

受理仲裁检定的市场监督管理部门：

　　　　　　　　　　　　　　批准人：
（仲裁检定机构章）　　　　核验员：
　　　　　　　　　　　　　　检定员：

注：仲裁检定结论由仲裁检定机构根据申请或委托仲裁检定的相关事项填写，如不够，可另附页。

（5）仲裁检定结果应经受理仲裁检定的人民政府计量行政部门审核后，通知当事人或委托单位。当事人一方或双方对一次仲裁检定结果不服的，在收到仲裁检定结果通知书之日起 15 日内可向上一级人民政府计量行政部门申请二次仲裁检定，二次仲裁检定为终局仲裁检定（格式见表4-7，供参考）。

表 4-7　仲裁检定结果通知书格式

（　　）市监仲字［　　］第　　　号

_____：

_____（申请人或委托人）于_____年__月__日提出_____（计量器具）仲裁检定申请（委托）。根据《中华人民共和国计量法实施细则》等有关法规规章的规定，我局受理后，指定_____（执行仲裁检定的计量检定机构名称）于_____年__月__日进行了仲裁检定。经审核后，现将检定结果通知如下：

　　申请人或者被申请人如不服本结果，在收到仲裁检定结果通知书之日起15日内可向_____（上一级市场监督管理部门）申请二次仲裁检定。_____（上一级市场监督管理部门）进行的仲裁检定为终局仲裁检定。

　　附：仲裁检定证书

××市场监督管理局

（印章）

年　月　日

1. 本通知书一式四份，正本送当事人、委托人和执行仲裁检定的计量检定机构，副本留市场监督管理部门存档。
2. 本通知书中的申请人和被申请人为计量纠纷的双方当事人，委托人为非计量纠纷当事人。
3. 本通知书第一行按通知单位（当事人、委托人和执行仲裁检定的计量检定机构）分别填写。

三、计量调解

（一）计量调解的概念

计量调解是指在县级以上人民政府计量行政部门主持下，就当事人双方对计量纠纷进行的调解，即县级以上人民政府计量行政部门根据仲裁检定的结果，在分清责任的基础上，通过说服工作促使双方当事人互相谅解，自愿达成协议的活动。计量调解虽然不是处理计量纠纷的必经程序，但却贯穿于处理纠纷的全过程。对计量纠纷进行调解，一般在仲裁检定以后进行。

（二）计量调解的实施

（1）受理仲裁检定的人民政府计量行政部门可根据纠纷双方或一方的口头或书面申请，对计量纠纷进行调解。

（2）进行计量调解应根据仲裁检定结果，在分清责任的基础上，促使当事人互相谅解，自愿达成协议，对任何一方不得强迫。

（3）调解达成协议后，应制作调解书，当事人双方应自动履行调解达成的协议内容。

（4）调解未达成协议或调解成立后一方或双方翻悔的，可向人民法院起诉或向有关仲裁机关申请处理。

第四节　计量器具产品监督管理

我国对计量器具产品实施法制管理的措施主要包括进口计量器具型式批准、国产计量器具型式批准和标准物质定级鉴定。计量器具型式批准是计量领域的4项计量行政许可事项之一。2017年12月，制造、修理计量器具许可制度取消后，计量器具型式批准是对制造、进口计量器具产品实施法制管理的唯一行政许可事项。标准物质是特殊的计量器具，由于其特殊属性决定其需要通过定级鉴定的手段去确定其相关的计量、技术和法制管理要求，是计量器具型式批准的另外一种形式。

一、计量器具型式批准的概念

计量器具型式批准是指市场监管部门对计量器具的型式是否符合法定要求而进行的行政许可活动，包括型式评价、型式的批准决定。

（1）型式评价是指为确定计量器具型式是否符合计量要求、技术要求和法制管理要求对样机所进行的技术评价，是根据文件要求对一个特定型式计量器具的一个或多个样品的性能所进行的系统的检查和试验，结果记入型式评价报告，以确定是否对该型式予以批准。型式评价有时也称为定型鉴定。

（2）型式的批准决定是根据型式评价报告作出的符合法律规定的决定，确定该计量器具的型式符合相关的法定要求并适用于规定的领域，以期它能在规定的期间内提供可靠的测量结果。

二、国产计量器具型式批准

（一）法制管理依据

1. 法律

《计量法》第十三条规定："制造计量器具的企业、事业单位生产本单位未生产过的计量器具新产品，必须经省级以上人民政府计量行政部门对其样品的计量性能考核合格，方可投入生产。"

2. 行政法规

《计量法实施细则》第十五条规定："凡制造在全国范围内从未生产过的计量器具新产品，必须经过定型鉴定。定型鉴定合格后，应当履行型式批准手续，颁发证书。在全国范围内已经定型，而本单位未生产过的计量器具新产品，应当进行样机试验。样机试验合格后，发给合格证书。凡未经型式批准或者未取得样机试验合格证书的计量器具，不准生产。"

《计量法实施细则》第十六条规定："计量器具新产品定型鉴定，由国务院计量行政部门授权的技术机构进行；样机试验由所在地方的省级人民政府计量行政部门授权的技术机构进行。计量器具新产品的型式，由当地省级人民政府计量行政部门批准。省级人民政府计量行政部门批准的型式，经国务院计量行政部门审核同意后，作为全国通用型式。"

《计量法实施细则》第十七条规定："申请计量器具新产品定型鉴定和样机试验的单位，应当提供新产品样机及有关技术文件、资料。负责计量器具新产品定型鉴定和样机试验的单位，对申请单位提供的样机和技术文件、资料必须保密。"

3. 国务院计量行政部门规章

《计量器具新产品管理办法》全文（略）。

（二）计量器具新产品的概念

计量器具新产品是指生产者从未生产过的计量器具，包括对原有产品在结构、材质等方面做了重大改进导致性能、技术特征发生变更的计量器具。

（三）国产计量器具型式批准的适用范围

生产者以销售为目的制造列入《实施强制管理的计量器具目录》（见表 4-2）内，且监管方式为"型式批准"和"型式批准＋强制检定"的计量器具新产品，应当经省级市场监管部门型式批准后，方可投入生产。

在运用《实施强制管理的计量器具目录》时，应遵循计量器具功能属性原则，目录中计量器具并不特指一种计量器具，而是具有这一类功能的计量器具都要管理，不能简单以名称划分。判断计量器具是否属于目录调整范围，要看该计量器具的工作原理、功能等是否与型式评价大纲中的描述相一致，一致就应纳入管理范畴；对于多参数计量器具，其主要功能在目录管理范围内，就要纳入，但只纳入型式评价大纲适用的部分。如：多参数有毒有害气体报警仪，只管理纳入目录的硫化氢、一氧化碳等气体检测部分，未列入目录的检测部分暂不管理。

（四）国产计量器具型式批准的程序

国产计量器具型式批准流程一般包括：申请、受理、型式评价、型式的批准决定、发证等环节（见图 4-1）。

1. 申请

申请制造计量器具新产品，应当向生产所在地省级人民政府市场监管部门申请型式批准。申请型式批准应递交申请书以及营业执照等市场监管部门要求的申请资料。

计量器具型式批准申请书格式如表 4-8 所示。

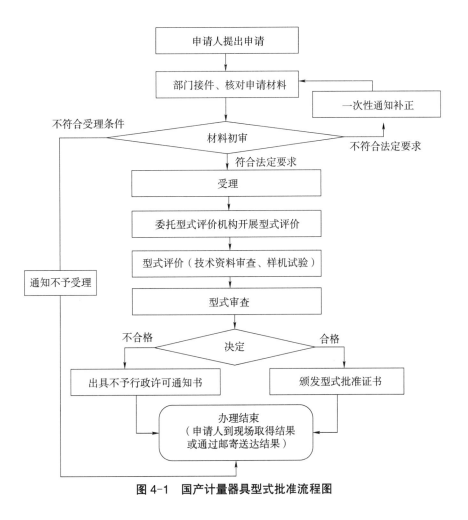

图 4-1 国产计量器具型式批准流程图

表 4-8 计量器具型式批准申请书

计量器具型式批准申请书

申请单位名称＿＿＿＿＿＿＿＿＿＿＿＿＿＿＿＿＿＿＿＿＿＿（盖章）

统一社会信用代码：＿＿＿＿＿＿＿＿＿＿＿＿＿＿＿＿＿＿＿＿＿

注册地址＿＿＿＿＿＿＿＿＿＿＿＿＿＿＿＿＿＿＿＿＿＿＿＿＿＿

生产地址＿＿＿＿＿＿＿＿＿＿＿＿＿＿＿＿＿＿＿＿＿＿＿＿＿＿

通信地址＿＿＿＿＿＿＿＿＿＿＿＿＿＿＿＿＿＿＿＿＿＿＿＿＿＿

法定代表人/负责人：＿＿＿＿＿＿＿＿＿＿＿＿＿（签字）

联系人＿＿＿＿＿＿＿＿＿（签字）　联系电话：＿＿＿＿＿＿＿＿

传真＿＿＿＿＿＿＿＿＿＿＿　电子邮箱＿＿＿＿＿＿＿＿＿＿

申请日期：　年　月　日

续表

企业声明

一、本企业具有与所制造的计量器具相适应的设施、人员和检定仪器设备等，保证其计量性能符合相关要求。

二、本企业所报样机为本单位独立生产，若有虚假愿承担一切后果及有关法律责任。

三、本申请书所填信息及附件均真实可靠，若有虚假愿承担一切法律责任。

企业法人代表（负责人）签名：
（单位公章）

一、申请

_____:

根据《中华人民共和国计量法》第十三条的规定，我单位下列计量器具申请型式批准：

序号	计量器具名称	型号	规格	测量范围	准确度	执行的产品标准	依据的检定规程	备注

二、申请型式批准的计量器具的简要说明

1. 工作原理

2. 用途

3. 适用场合

续表

注意事项
一、说明： 1. 申请书一律用 A4 纸印制； 2. 不同类别的计量器具分别填写申请书； 3. 申请单位名称必须与营业执照上的名称一致； 4. 填写内容要真实、准确，不得弄虚作假； 5. 申请书可打印或用钢笔填写，字迹清晰、工整，无签字、印章无效； 二、企业受理通过后，应当自收到承担型式评价机构通知后 5 个工作日内向该机构递交以下技术资料： 1. 样机照片； 2. 产品标准（含检验方法）； 3. 总装图、电路图和关键零部件图（含关键零部件清单）； 4. 使用说明书； 5. 制造单位或者技术机构所做的试验报告。

2. 受理

受理申请的省级人民政府市场监管部门，自接到申请书之日起在 5 个工作日内对申请资料进行初审，初审通过后受理。

材料初审要点：申请书（表）格式是否规范，内容是否完整；申请单位名称是否与营业执照一致，并加盖公章；申请产品是否属于《实施强制管理的计量器具目录》内型式批准的范围；型号、规格、准确度的信息是否完整；按单一产品还是系列产品申报，按系列申报的是否注明该系列全部产品的规格信息；申报多个产品的，是否分别填写申请书。

按计量器具新产品法制管理的分工，市场监管部门应委托市场监管总局或省级人民政府市场监管部门授权的计量技术机构进行型式评价，并通知申请单位。

承担型式评价的技术机构应当自收到省级人民政府市场监管部门委托之日起 5 个工作日内通知申请人。申请人应当自收到承担型式评价机构通知后 5 个工作日内，向该机构递交技术资料，并对所提供的技术资料的真实有效性负责。逾期没有递交的，由承担型式评价的技术机构向省级人民政府市场监管部门退回本次委托，受理申请的省级人民政府市场监管部门终止实施行政许可。

承担型式评价的技术机构，应当自收到技术资料起 10 个工作日内对技术资料进行审查。审查未通过的，要求申请人限期补正；审查通过的，通知申请人提供试验样机。申请人自收到通知之日起 10 日内未提供试验样机，由承担型式评价的技术机构向省级人民政府市场监管部门退回本次委托，受理申请的省级人民政府市场监管部门终止实施行政许可。

3. 型式评价

承担型式评价的技术机构收到完整的技术资料和样机，应按照国家型式评价技术规范（或规定了型式评价要求的国家计量检定规程）进行型式评价。

型式评价一般应在 3 个月内完成，经省级人民政府市场监管部门同意延期的除外。型式评价结束后，承担型式评价的技术机构将型式评价报告报送省级人民政府市场监管部门，并通知申请人。

4. 型式批准

省级人民政府市场监管部门应在接到型式评价报告之日起 10 个工作日内，根据型式评价结果和计量法制管理的要求，对计量器具新产品的型式进行审查。经审查合格的，向申请人颁发型式批准证书；经审查不合格的，作出不予行政许可决定。

采用委托加工方式制造计量器具的，被委托方应当取得与委托加工计量器具相应的型式批准，并与委托方签订书面委托合同。委托加工的计量器具，应当标注委托方、被委托方的单位名称、地址，被委托方的型式批准标志和编号。

5. 发证

《市场监管总局办公厅关于印发计量器具型式批准相关文书式样的通知》（市监计量发〔2023〕47 号）规定了计量器具型式批准证书的式样，对计量器具型式批准标志和编号做出了说明。

（1）计量器具型式批准的标志为 CPA：制造已取得型式批准的计量器具的，应当在其使用说明书中标注国家统一规定的型式批准标志和编号，在其产品、外包装上可以使用此标志。计量器具型式批准标志的规格见图 4-2。

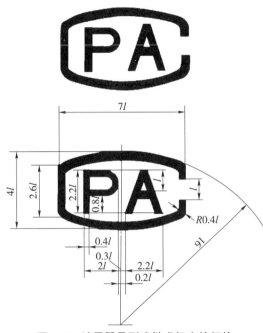

图 4-2　计量器具型式批准标志的规格

（2）国产计量器具型式批准的编号式样为：XXXX X XXX-XX。如，2023F101-12。

前四位数字为批准年份，第五位符号为计量器具的类别编号（见表 4-9），第六、七、八位数字为型式批准的顺序编号，最后两位数字为省级人民政府市场监管部门代码（按 GB/T 2260 填写）。

型式批准的编号要与标志在一起采用，编号标注在标志的下方或者后侧，编号的字号尺寸自定。

表 4-9　计量器具类别编号

计量器具类别	类别编号	计量器具类别	类别编号
长度	L	时间频率	K
温度	T	声学	S
力学	F	光学	O
电磁	E	电离辐射	A
无线电	R	化学	C

（3）计量器具型式批准证书参考样式见图4-3。

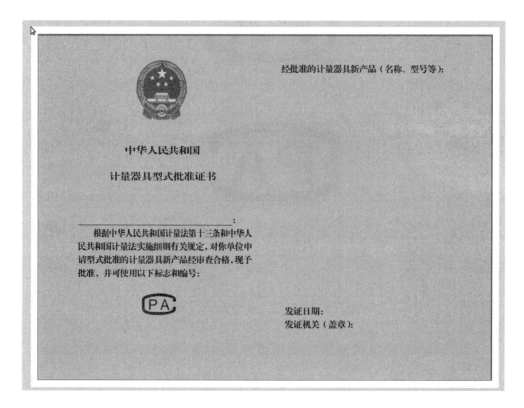

图4-3　计量器具型式批准证书式样

（五）计量器具型式批准的监督检查

　　市场监管总局统一负责全国计量器具新产品的监督管理工作。省级人民政府市场监管部门负责本地区的计量器具新产品的监督管理工作。县级以上地方人民政府市场监管部门应当按照国家有关规定，对制造计量器具的质量、实际制造产品与批准型式的一致性进行监督检查。

　　市场监管部门开展计量器具型式批准证后监督检查的主要内容及检查依据见表4-10。

表 4-10 "型式批准监督检查"主要检查内容及检查依据

序号	检查内容	依据		
		《计量法》	《计量法实施细则》	《计量器具新产品管理办法》
1	督促企业落实主体责任，是否具有固定的制造场所，生产设施、检验条件、技术人员等是否与制造的计量器具相适应	第十二条 制造、修理计量器具的企业、事业单位，必须具有与所制造、修理的计量器具相适应的设施、人员和检定仪器设备	第十四条 制造、修理计量器具的企业、事业单位和个体工商户须在固定的场所从事经营，具有符合国家规定的生产设施、检验条件、技术人员等，并满足安全要求	第十八条 生产者制造计量器具应当具有与所制造的计量器具相适应的设施、人员和检定仪器设备等。第二十三条 未持续符合型式批准生产条件，不再具有与所制造的计量器具相适应的设施、人员和检定仪器设备的，由县级以上市场监督管理部门责令改正；逾期未改正的，处三万元以下罚款
2	是否制造未经型式批准或样机试验合格的计量器具新产品	第十三条 制造计量器具的企业、事业单位生产本单位未生产过的计量器具新产品，必须经省级以上人民政府计量行政部门对其样品的计量性能考核合格，方可投入生产	第十五条 凡制造在全国范围内从未生产过的计量器具新产品，必须经过定型鉴定。定型鉴定合格后，应当履行型式批准手续，颁发证书。在全国范围内已经定型，而本单位未生产过的计量器具新产品，应当进行样机试验，样机试验合格后，发给合格证书。凡未经型式批准或者未取得样机试验合格证书的计量器具，不准生产	第三条 生产者以销售为目的制造列入《实施强制管理的计量器具目录》，且监管方式为型式批准的计量器具新产品，应当经省级市场监督管理部门型式批准后，方可投入生产

序号	检查内容	依据		
		《计量法》	《计量法实施细则》	《计量器具新产品管理办法》
3	制造已取得型式批准的计量器具，对原有产品在结构、材质等方面做了重大改进导致性能、技术特征发生变更的，是否重新申请办理了型式批准			第十七条　制造已取得型式批准的计量器具，不得擅自改变原批准的型式。对原有产品在结构、材质、关键零部件等方面做了重大改进导致性能、技术特征发生变更的，应当重新申请型式批准。第二十二条　制造、销售的计量器具与批准的型式不一致的，由县级以上市场监督管理部门责令改正，处五万元以下罚款
4	制造的计量器具是否按规定标注型式批准标志和编号			第十五条　制造已取得型式批准的计量器具，应当在其使用说明书中标注国家统一规定的型式批准标志和编号。第二十一条　未按规定标注型式批准标志和编号的，由县级以上市场监督管理部门责令改正，处三万元以下罚款
5	制造的计量器具是否有未经出厂检定或者经检定不合格而出厂的情况	第十五条　制造、修理计量器具的企业、事业单位必须对制造、修理的计量器具进行检定，保证产品计量性能合格，并对合格产品出具产品合格证	第十八条　……凡无产品合格印、证，或者经检定不合格的计量器具，不准出厂	
6	制造的计量器具是否存在无产品合格印、证出厂的情况			

序号	检查内容	依据		
		《计量法》	《计量法实施细则》	《计量器具新产品管理办法》
7	是否存在制造非法定计量器具的情况	第十四条 任何单位和个人不得违反规定制造、销售和进口非法定计量单位的计量器具	第四十一条 违反《中华人民共和国计量法》第十四条规定，制造、销售和进口非法定计量单位的计量器具的，责令其停止制造、销售和进口，没收计量器具和全部违法所得，可并处相当其违法所得10%至50%的罚款	
8	是否存在制造以欺骗消费者为目的的计量器具	第十五条 制造、修理计量器具的企业、事业单位必须对制造、修理的计量器具进行检定，保证产品计量性能合格，并对合格产品出具产品合格证	第四十八条 制造、销售、使用以欺骗消费者为目的的计量器具的单位和个人，没收其计量器具和全部违法所得，可并处二千元以下的罚款；构成犯罪的，对个人或者单位直接责任人员，依法追究刑事责任	
9	企业、事业单位使用的最高计量标准器具以及使用的工作计量器具是否存在未检定或者经检定不合格继续使用的情况	第九条 县级以上人民政府计量行政部门对社会公用计量标准器具，部门和企业、事业单位使用的最高计量标准器具，以及用于贸易结算、安全防护、医疗卫生、环境监测方面的列入强制检定目录的工作计量器具，实行强制检定。未按照规定申请检定或者检定不合格的，不得使用。实行强制检定的工作计量器具的目录和管理办法，由国务院制定。	第十一条 使用实行强制检定的计量标准的单位和个人，应当向主持考核该项计量标准的有关人民政府计量行政部门申请周期检定。使用实行强制检定的工作计量器具的单位和个人，应当向当地县（市）级人民政府计量行政部门指定的计量检定机构申请周期检定。当地不能检定的，向上一级人民政府计量行政部门指定的计量检定机构申请周期检定。	

续表

序号	检查内容	依据		
		《计量法》	《计量法实施细则》	《计量器具新产品管理办法》
9	企业、事业单位使用的最高计量标准器具以及使用的工作计量器具是否存在未检定或者经检定不合格继续使用的情况	对前款规定以外的其他计量标准器具和工作计量器具，使用单位应当自行定期检定或者送其他计量检定机构检定	第十二条　企业、事业单位应当配备与生产、科研、经营管理相适应的计量检测设施，制定具体的检定管理措施和规章制度，规定本单位管理的计量器具明细目录及相应的检定周期，保证使用的非强制检定的计量器具定期检定。第二十二条　任何单位和个人不准在工作岗位上使用无检定合格印、证或者超过检定周期以及经检定不合格的计量器具	

（六）常见问题

1. 计量器具型式批准实现了跨省通办吗？

答：计量器具型式批准许可事项属于"跨省通办"事项，企业可异地提出申请。由于该项目申请涉及型式评价，采用"异地代收"方式办理。

2. 申请计量器具型式批准时，产品名称如何确定？

答：申请计量器具型式批准的产品名称应尽可能与《实施强制管理的计量器具目录》中的产品名称相一致。如因企业需求，可加定语或采取加括号方式。

3. 提供产品标准时，应注意什么？

答：产品标准在企业产品标准信息公共服务平台（https://www.cpbz.org.cn）自我声明。可以提供相关的国家标准作为产品标准，但如果产品技术指标、试验方法与国家标准不一致时，应该制定产品的企业标准。企业标准中技术指标应不低于国家型式评价大纲中相应技术指标。产品标准能够覆盖全部申请产品范围，并包含检验方法等内容。

4. 提供样机照片、总装图、电路图和关键零部件清单时，应注意什么？

答：应注意要能够覆盖全部申请产品范围。提供的样机整体外观照片，应能清晰反映样机外观、铅封位置和铭牌信息等，铭牌信息应符合型式评价大纲、检定规程中型式评价部分内容的相关规定；总装图、电路图和主要零部件图应标注申请产品的名称、规格、型号、准确度等信息；关键零部件清单应完整，表述清晰，应有零部件名称、型号、制造企业全称和主要技术指标。

5. 提供制造单位或技术机构所做的试验报告时，应注意什么？

答：试验报告应依据产品标准全项检验，覆盖全部申请产品范围。

6. 什么时候应提供防爆合格证？

答：对于是否需要提供防爆合格证，需根据通用规范和相关型式评价大纲的要求确定。非防爆产品无须提供。防爆产品，如产品注明有防爆功能或能用于爆炸性环境，按照 JJF 1015—2014 通用规范要求均须提供防爆合格证。

7. 如何准备试验样机数量？

答：试验样机应在申请前提前准备好。根据 JJF 1016—2014《计量器具型式评价大纲编写导则》的规定，对于单一产品，提供一至三台样机；对于系列产品，应考虑系列产品的测量对象、准确度、测量区间等，选择有代表性的产品并确定样机数量。准确度相同，测量区间不同的系列产品，样机应包括测量区间上下限的产品；每种产品提供一至三台样机。准确度不同，测量区间和结构相同的系列产品，样机应包括各准确度等级的产品；每种产品提供一至三台样机。

8. 申请计量器具型式批准的产品必须是本企业制造的吗？

答：是的，申请计量器具型式批准的产品必须是本企业制造的。如果委托其他企业生产，应由受委托生产企业申请计量器具型式批准。

三、进口计量器具型式批准

（一）法制管理依据

1. 行政法规

《计量法实施细则》第十五条规定："凡制造在全国范围内从未生产过的计量器具新产品，必须经过定型鉴定。定型鉴定合格后，应当履行型式批准手续，颁发证书。在全国范围内已经定型，而本单位未生产过的计量器具新产品，应当进行样机试验。样机试验合格后，发给合格证书。凡未经型式批准或者未取得样机试验合格证书的计量器具，不准生产。"

《计量法实施细则》第十九条规定："外商在中国销售计量器具，须比照本细则第十五条的规定向国务院计量行政部门申请型式批准。"

2. 国务院计量行政部门规章

《中华人民共和国进口计量器具监督管理办法》全文（略）。

《中华人民共和国进口计量器具监督管理办法实施细则》全文（略）。

（二）进口计量器具型式批准的适用范围

凡进口或外商在中国境内销售列入市场监管总局 2020 年第 42 号公告发布的《实施强制管理的计量器具目录》（见表 4-2）内，且监管方式为"型式批准"和"型式批准 + 强制检定"的计量器具。

（三）进口计量器具型式批准的程序

进口计量器具型式批准流程主要包括：计量法制审查和定型鉴定。

1. 申请

外商或者其代理人在中国境内销售进口计量器具的，由外商或者其代理人向市场监管总局递交型式批准申请书（见表 4-8）。

2. 计量法制审查

市场监管总局对型式批准的申请资料在 15 日内完成计量法制审查。

3. 定型鉴定

市场监管总局在计量法制审查合格后，确定鉴定样机的规格和数量，委托技术机构进行定型鉴定。

4. 批准

定型鉴定审核合格的，由市场监管总局向申请办理型式批准的外商或者其代理人颁发中华人民共和国进口计量器具型式批准证书，并准予其在相应的计量器具产品上和包装上使用中华人民共和国进口计量器具型式批准的标志和编号。

定型鉴定审核不合格的，由市场监管总局提出书面意见并通知申请人。

（四）进口计量器具型式临时型式批准的程序

（1）有下列情况之一的，可以申请办理临时型式批准：

1）确属急需的；

2）销售量极少的；

3）国内暂无定型鉴定能力的；

4）展览会留购的；

5）其他特殊需要的。

（2）申请办理临时型式批准（不包括展览会留购的）的外商或者其代理人，应当向市场监管总局或者其委托的地方人民政府市场监管部门递交进口计量器具临时型式批准申请表和相应申请资料。

（3）申请办理展览会留购的临时型式批准的外商或者其代理人，应当向当地省级人民政府市场监管部门或者其委托的地方人民政府市场监管部门递交进口计量器具临时型式批准申请表和相应申请资料。

（4）有权办理临时型式批准证书的市场监管部门对递交的临时型式批准申请资料进行计量法制审查，可以安排技术机构进行检定。

（5）临时型式批准审查合格的，由市场监管总局颁发中华人民共和国进口计量器具临时型式批准证书；属展览会留购的，由省级人民政府市场监管部门颁发中华人民共和国进口计量器具临时型式批准证书。临时型式批准证书应当注明批准的数量和有效期限。

（五）进口计量器具型式批准的监督检查

对进口计量器具型式批准的监督检查应注意以下重点环节：

（1）违反规定进口或者销售非法定计量单位的计量器具的，由县级以上人民政府市场监管部门依照《计量法实施细则》的规定予以处罚。

（2）进口或者销售未经市场监管总局型式批准的计量器具的，由县级以上人民政府市场监管部门依照《中华人民共和国进口计量器具监督管理办法》的规定予以处罚。

（3）承担进口计量器具定型鉴定的技术机构及其工作人员，违反《中华人民共和国进口计量器具监督管理办法实施细则》的规定，给申请单位造成损失的，应当按照国家有关规定，赔偿申请单位的损失，并给予直接责任人员行政处分；构成犯罪的，依法追究其刑事责任。

（4）市场监管总局和省级人民政府市场监管部门对承担进口计量器具定型鉴定的技术机构实施监督管理。

四、标准物质定级鉴定

（一）监督管理依据

行政规范性文件：《标准物质管理办法》全文（略）。

（二）标准物质的概念

标准物质是一种已经确定了具有一个或多个足够均匀的特性值的物质或材料，作为分析测量行业中的"量具"，在校准测量仪器和装置、评价测量分析方法、测量物质或材料特性值和考核分析人员的操作技术水平，以及在生产过程中产品的质量控制等领域起着不可或缺的作用。

（三）标准物质定级鉴定的适用范围

企业、事业单位制造标准物质新产品，应进行定级鉴定，并经评审取得标准物质定级证书。

（四）标准物质定级鉴定的基本程序

标准物质定级鉴定的流程包括：申请、受理、技术审查、审核发证。

1. 申请

在中华人民共和国境内依法注册的独立法人单位，凡制造标准物质新产品的企业、事业单位，依法向市场监管总局申请标准物质定级鉴定。

2. 受理

市场监管总局依法对申请材料进行审查，并根据申请材料具体情况作出不予受理、受理或补正材料等决定。

3. 技术审查

对已经受理的申请，拟定评审计划，组织技术委员会专家和相关领域专家召开评审会。专家给出评审意见，研制单位根据评审意见进行补充完善，专家对评审意见进行确认，形成文件报送到市场监管总局。

4. 审核发证

市场监管部门根据专家评审意见及相关材料，对符合标准物质定级鉴定要求的，制发国家标准物质定级证书，列入国家标准物质目录。对不符合标准物质定级鉴定要求的，发不予许可决定书。

（五）标准物质定级鉴定的监督检查

对标准物质定级鉴定的监督检查应注意以下重点环节：

（1）企业、事业单位制造标准物质，必须具备与所制造的标准物质相适应的设施、人员和分析测量仪器设备。

（2）制造标准物质的企业、事业单位，必须对重复制造的每批标准物质，进行定值检验和均匀性检验，出具标准物质产品检验证书，保证其技术指标不低于原定级的要求。

（3）经标准物质技术评审组织评定，对技术指标落后，不适应国家需要的标准物质，国务院计量行政部门可以决定将其降级或废除，并相应地更换或撤销标准物质定级证书和编号。

（4）企业、事业单位未取得标准物质定级证书的，不得制造用于销售和向外单位发放的标准物质。

（5）没有标准物质产品检验证书和编号的，或超过有效期的标准物质。一律不得销售和向外单位发放。

（6）县级以上地方人民政府市场监管部门负责本行政区域内制造、销售标准物质的监督检查，并对违反《标准物质管理办法》规定的，依据《计量法实施细则》的有关规定决定行政处罚。

（7）对外商在中国销售标准物质的监督管理，按照国务院计量行政部门制定的有关进口计量器具的规定执行。

五、OIML 证书换发计量器具型式批准证书的办理

按照《市场监管总局办公厅关于 OIML 证书换发计量器具型式批准证书的通知》（市监计量〔2018〕64 号）要求，凡取得 OIML 证书的计量器具制造商或其指定代理人，可自愿申请换发中华人民共和国计量器具型式批准证书。市场监管

总局负责受理外商或其代理人的申请，各省级人民政府市场监管部门负责受理国内计量器具制造单位或个体工商户的申请。

申请方须提交申请书（同进口／国内计量器具型式批准申请书）、OIML 证书和报告复印件、指定试验机构按照 OIML 国际规则出具的 OIML 证书／报告的核查报告原件及复印件。受理申请的市场监管总局或省级人民政府市场监管部门完成计量法制性审查。合格的，换发计量器具型式批准证书；不合格的，告知申请人。

第五节　重点领域计量监督管理

为了加强重点领域计量监督管理，规范加油站、集贸市场、眼镜制配行业的计量行为，保护消费者的合法权益，根据《计量法》和国务院赋予市场监管总局的职责，市场监管总局制定了《加油站计量监督管理办法》《集贸市场计量监督管理办法》《眼镜制配计量监督管理办法》等三个国务院计量行政部门规章。本节将通过对三个国务院计量行政部门规章的介绍，明确加油站、集贸市场、眼镜制配行业计量活动的责任划分及法律责任。

一、加油站计量监督管理

（一）法制管理依据

国务院计量行政部门规章：《加油站计量监督管理办法》全文（略）。

（二）监督管理范围

中华人民共和国境内加油站经营中的计量器具、成品油销售计量及相关计量活动。

上述加油站以外的油库、加油船、流动加油车、加油点等成品油经营中的计量器具、成品油销售计量及相关计量活动。

（三）企业主体责任

1. 成品油经营者

加油站成品油零售经营中应当保证计量器具和成品油零售量的准确，守法经营，诚信服务。

国家鼓励成品油经营者完善计量检测体系，保证成品油销售计量准确。

2.加油站经营者

（1）遵守计量法律、法规和规章，制定加油站计量管理及保护消费者权益的制度，对使用的计量器具进行维护和管理，接受市场监管部门的计量监督管理。

（2）配备专（兼）职计量人员，负责加油站的计量管理工作。加油站的计量人员应当接受相应的计量业务知识培训。

（3）使用属于强制检定的计量器具应当登记造册，向当地人民政府市场监管部门备案，并配合人民政府市场监管部门及其指定的法定计量检定机构做好强制检定工作。

（4）使用的燃油加油机等计量器具应当具有出厂产品合格证书。燃油加油机安装后报经当地人民政府市场监管部门指定的法定计量检定机构检定合格，方可投入使用。

（5）需要维修燃油加油机，应当向具有合法维修资格的单位报修，维修后的燃油加油机应当报经执行强制检定的法定计量检定机构检定合格后，方可重新投入使用。

（6）不得使用非法定计量单位，不得违反规定使用非法定计量单位的计量器具以及国家明令淘汰或者禁止使用的计量器具用于成品油贸易交接。

（7）不得使用未经检定、超过检定周期或者经检定不合格的计量器具；不得破坏计量器具及其铅（签）封，不得擅自改动、拆装燃油加油机，不得使用未经批准而改动的燃油加油机，不得弄虚作假。

（8）进行成品油零售时，应当使用燃油加油机等计量器具，并明示计量单位、计量过程和计量器具显示的量值，不得估量计费。成品油零售量的结算值应当与实际值相符，其偏差不得超过国家规定的允许误差；国家对计量偏差没有规定的，其偏差不得超过所使用计量器具的允许误差。

（四）各级人民政府市场监管部门职责

（1）宣传计量法律、法规、规章，帮助和督促加油站经营者按照计量法律、法规和有关规定的要求，做好加油站的计量管理工作。

（2）对加油站的计量器具、成品油销售计量和相关计量活动进行计量监督管理，组织计量执法检查，打击计量违法行为。

（3）引导加油站加强计量保证能力，完善计量检测体系。

（4）受理计量纠纷投诉，负责计量纠纷的调解和仲裁检定。

（五）计量检定机构和计量检定人员职责

（1）按照国家计量检定规程进行检定，在规定期限内完成检定，出具检定证书，并在燃油加油机上加贴检定合格标志。在实施检定时发现铅封破损应当立即报告当地有关市场监管部门。

（2）不得使用未经考核合格或者超过有效期的计量标准开展检定工作。

（3）不得指派不具备计量检定能力的人员从事计量检定工作。

（4）不得随意调整检定周期，不得无故拖延检定时间。

（六）消费者权益

消费者对加油站的燃油加油机等计量器具准确度和成品油零售量产生异议，可在保持现场原状的情况下，向市场监管部门提出仲裁检定申请，并可依据市场监管部门的仲裁检定结果，向加油站经营者要求赔偿。

（七）法律责任

1. 加油站经营者

加油站经营者违反《加油站计量监督管理办法》有关规定，按以下规定进行处罚。

（1）使用出厂产品合格证不齐全计量器具的，责令其停止使用，没收计量器具和全部违法所得，可并处2 000元以下罚款。

（2）燃油加油机安装后未报经市场监管部门授权的法定计量检定机构强制检定合格即投入使用的，责令其停止使用，可并处5 000元以下罚款；给国家和消费者造成损失的，责令其赔偿损失，可并处5 000元以上30 000元以下罚款。

（3）使用经不具有合法维修资格的单位维修的燃油加油机，或使用维修后未经执行强制检定的法定计量检定机构检定合格的燃油加油机的，责令改正和停止使用，可并处5 000元以下罚款；给消费者造成损失的，责令其赔偿损失，可并处5 000元以上30 000元以下罚款。

（4）使用未经检定、超过检定周期或者经检定不合格的计量器具的，责令其停止使用，可并处 1 000 元以下罚款。

（5）破坏计量器具及其铅（签）封，擅自改动、拆装燃油加油机，使用未经批准而改动的燃油加油机，以及弄虚作假、给消费者造成损失的，责令其赔偿损失，并按照《计量法实施细则》有关规定予以处罚；构成犯罪的，依法追究刑事责任。

（6）未使用计量器具的，限期改正，逾期不改的，处 1 000 元以上 10 000 元以下罚款；成品油零售量的结算值与实际值之差超过国家规定允许误差的，责令改正，给消费者造成损失的，责令其赔偿损失，并处以违法所得 3 倍以下、最高不超过 30 000 元的罚款。

（7）拒不提供成品油零售账目或者提供不真实账目，使违法所得难以计算的，可根据违法行为的情节轻重处以最高不超过 30 000 元的罚款。

2. 从事加油站计量监督管理的国家工作人员

从事加油站计量监督管理的国家工作人员滥用职权、玩忽职守、徇私舞弊，情节轻微的，给予行政处分；构成犯罪的，依法追究刑事责任。

3. 从事加油站计量器具检定的计量检定机构和计量检定人员

从事加油站计量器具检定的计量检定机构和计量检定人员有违反计量法律、法规和《加油站计量监督管理办法》规定的，按照《计量违法行为处罚细则》有关规定予以处罚。

二、集贸市场计量监督管理

（一）法制管理依据

国务院计量行政部门规章:《集贸市场计量监督管理办法》全文（略）。

（二）监督管理范围

全国城乡集贸市场经营活动中的计量器具管理、商品量计量管理、计量行为及其监督管理活动。

城乡集贸市场（以下简称集市）是指由法人单位或者自然人（以下简称集市主办者）主办的，由入场经营者（以下简称经营者）向集市主办者承租场地、进行商品交易的固定场所。

（三）相关方主体责任和相应法律责任

1. 集市主办者

（1）积极宣传计量法律、法规和规章，制定集市计量管理及保护消费者权益的制度，并组织实施。

（2）在与经营者签订的入场经营协议中，明确有关计量活动的权利义务和相应的法律责任。

（3）根据集市经营情况配备专（兼）职计量管理人员，负责集市内的计量管理工作，集市的计量管理人员应当接受计量业务知识的培训。

（4）对集市使用的属于强制检定的计量器具登记造册，向当地人民政府市场监管部门备案，并配合市场监管部门及其指定的法定计量检定机构做好强制检定工作。

法律责任：集市主办者违反此项规定的，责令改正，逾期不改的，处以1 000元以下的罚款。

（5）国家明令淘汰的计量器具禁止使用；国家限制使用的计量器具，应当遵守有关规定；未申请检定、超过检定周期或者经检定不合格的计量器具不得使用。

违反此项规定的，责令停止使用，限期改正，没收淘汰的计量器具，并处以1 000元以下的罚款。

（6）集市应当设置符合要求的公平秤，并负责保管、维护和监督检查，定期送当地市场监管部门所属的法定计量检定机构进行检定。

公平秤是指对经营者和消费者之间因商品量称量结果发生的纠纷具有裁决作用的衡器。

法律责任：集市主办者违反此项规定的，限期改正，并处以1 000元以下的罚款。

（7）配合市场监管部门，做好集市定量包装商品、零售商品等商品量的计量监督管理工作。

（8）集市主办者可以统一配置经强制检定合格的计量器具，提供给经营者使用；也可以要求经营者配备和使用符合国家规定，与其经营项目相适应的计量器具，并督促检查。

2. 经营者

（1）遵守计量法律、法规及集市主办者关于计量活动的有关规定。

（2）对配置和使用的计量器具进行维护和管理，定期接受市场监管部门指定的法定计量检定机构对计量器具的强制检定。违反此项规定的，责令其停止使用，可并处以 1 000 元以下的罚款。

（3）不得使用不合格的计量器具，不得破坏计量器具准确度或者伪造数据，不得破坏铅（签）封。违反此项规定，给国家和消费者造成损失的，责令其赔偿损失，没收计量器具和全部违法所得，可并处以 2 000 元以下的罚款；构成犯罪的，移送司法机关追究其刑事责任。

（4）凡以商品量的量值作为结算依据的，应当使用计量器具测量量值，不得估量计费。不具备计量条件并经交易当事人同意的除外。违反此项规定，限期改正；逾期不改的，处以 1 000 元以下罚款。

（5）凡以商品量的量值作为结算依据的，计量偏差应在国家规定的范围内，结算值与实际值相符。违反此项规定，按照《商品量计量违法行为处罚规定》第五条："销售者销售的定量包装商品或者零售商品，其实际量与标注量或者实际量与贸易结算量不相符，计量偏差超过《定量包装商品计量监督管理办法》《零售商品称重计量监督管理办法》或者国家其他有关规定的，市场监管部门责令改正，并处 30 000 元以下罚款。"第六条："销售者销售国家对计量偏差没有规定的商品，其实际量与贸易结算量之差，超过国家规定使用的计量器具极限误差的，市场监管部门责令改正，并处 20 000 元以下罚款。"的规定处罚。

（6）现场交易时，应当明示计量单位、计量过程和计量器具显示的量值。如有异议的，经营者应当重新操作计量过程和显示量值。

（7）销售定量包装商品应当符合《定量包装商品计量监督管理办法》的规定。

法律责任：经营者违反此项规定的，按照《定量包装商品计量监督管理办法》有关规定处罚。

（四）市场监管部门职责

（1）宣传计量法律、法规，对集市主办者、计量管理人员进行计量方面的培训。

（2）督促集市主办者按照计量法律、法规和有关规定的要求，做好集市的计量管理工作。

（3）对集市的计量器具管理、商品量计量管理和计量行为，进行计量监督和执法检查。

（4）积极受理计量纠纷，负责计量调解和仲裁检定。

（五）计量检定机构职责

法定计量检定机构进行强制检定时，应当执行国家计量检定规程，并在规定期限内完成检定，确保量值传递准确。

（六）消费者权益

消费者所购商品，在保持原状的情况下，经复核，短秤缺量的，可以向经营者要求赔偿，也可以向集市主办者要求赔偿。集市主办者赔偿后有权向经营者追偿。

三、眼镜制配行业计量监督管理

（一）法制管理依据

国务院计量行政部门规章：《眼镜制配计量监督管理办法》全文（略）。

（二）相关用语含义

（1）眼镜制配是指单位或者个人从事眼镜镜片、角膜接触镜、成品眼镜的生产、销售以及配镜验光、定配眼镜、角膜接触镜配戴等经营活动。

（2）成品眼镜包括装成眼镜、太阳镜等。

（3）配镜验光是指使用验光设备等计量检测仪器对消费者眼睛的屈光状态进行测量、分析并出具相关数据的活动。

（4）生产者是指从事眼镜镜片、角膜接触镜和成品眼镜生产活动的单位或者个人。

（5）销售者是指从事眼镜镜片、角膜接触镜、成品眼镜销售活动的单位或者个人。

（6）经营者是指从事配镜验光、定配眼镜、角膜接触镜配戴经营活动的单位或者个人。

（7）眼镜制配者是指从事眼镜镜片、角膜接触镜、成品眼镜的生产、销售以及配镜验光、定配眼镜、角膜接触镜配戴等经营活动的单位或者个人。是生产者、销售者以及经营者的统称。

（三）监管范围

在中华人民共和国境内从事眼镜制配计量活动。

（四）相关方主体责任

1. 眼镜制配者

（1）遵守计量法律、法规和规章，制定眼镜制配的计量管理及保护消费者权益的制度，完善计量保证体系，依法接受市场监管部门的计量监督。

（2）配备经计量业务知识培训合格的专（兼）职计量管理和专业技术人员，负责眼镜制配的计量工作。

（3）使用属于强制检定的计量器具必须按照规定登记造册，报当地县级人民政府市场监管部门备案，并向其指定的计量检定机构申请周期检定。当地不能检定的，向上一级人民政府市场监管部门指定的计量检定机构申请周期检定。

（4）不得使用未经检定、超过检定周期或者经检定不合格的计量器具。

（5）不得违反规定使用非法定计量单位。

（6）申请计量器具检定，应当按照价格主管部门核准的项目和收费标准交纳费用。

2. 眼镜镜片、角膜接触镜和成品眼镜生产者

（1）遵守眼镜制配者相关规定。

（2）配备与生产相适应的顶焦度、透过率和厚度等计量检测设备。

（3）保证出具的眼镜产品计量数据准确可靠。

3. 眼镜镜片、角膜接触镜、成品眼镜销售者以及从事配镜验光、定配眼镜、角膜接触镜配戴的经营者

（1）遵守眼镜制配者相关规定。

（2）建立完善的进出货物计量检测验收制度。

（3）配备与销售、经营业务相适应的验光、瞳距、顶焦度、透过率、厚度等

计量检测设备。

（4）从事角膜接触镜配戴的经营者还应当配备与经营业务相适应的眼科计量检测设备。

（5）保证出具的眼镜产品计量数据准确可靠。

（四）各级市场监管部门职责

（1）宣传计量法律、法规和规章，督促眼镜制配者遵守计量法律、法规和有关规定，做好眼镜制配的计量监督管理工作。

（2）对眼镜制配中使用的计量器具和相关计量活动进行计量监督管理，查处计量违法行为。

（3）引导眼镜制配者完善计量保证体系。

（4）受理计量投诉，调解计量纠纷，组织仲裁检定。

（五）计量检定机构和计量检定人员职责

计量检定机构和计量检定人员在进行计量检定时，应当做到：

（1）按照计量检定规程完成检定，出具检定证书。

（2）不得使用未经考核合格或者超过有效期的计量标准开展计量检定工作。

（3）不得指派不具备计量检定能力的人员从事计量检定工作。

（4）不得擅自调整检定周期。

（5）不得伪造数据。

（6）不得超过标准收费。

（六）法律责任

1. 眼镜制配者

眼镜制配者违反有关规定，应当按照下列规定进行处罚：

（1）使用属于强制检定的计量器具，未按照规定申请检定或者超过检定周期继续使用的，责令停止使用，可以并处 1 000 元以下罚款；使用属于强制检定的计量器具，经检定不合格继续使用的，责令停止使用，可以并处 2 000 元以下罚款；使用属于非强制检定的计量器具，未按照规定定期检定以及经检定不合格继续使用的，责令停止使用，可以并处 1 000 元以下罚款。

（2）使用非法定计量单位的，责令改正。

2. 眼镜镜片、角膜接触镜、成品眼镜生产者

眼镜镜片、角膜接触镜、成品眼镜生产者违反有关规定，应当按照以下规定进行处罚：

（1）违反"配备与生产相适应的顶焦度、透过率和厚度等计量检测设备"规定的，责令改正，可以并处 1 000 元以上 10 000 元以下罚款。

（2）违反"保证出具的眼镜产品计量数据准确可靠"规定的，责令改正，给消费者造成损失的，责令赔偿损失，可以并处 2 000 元以下罚款。

3. 眼镜经营者

从事眼镜镜片、角膜接触镜、成品眼镜销售以及从事配镜验光、定配眼镜、角膜接触镜配戴经营者违反有关规定，应当按照以下规定进行处罚：

（1）违反"建立完善的进出货物计量检测验收制度"规定的，责令改正。

（2）违反"配备与销售、经营业务相适应的验光、瞳距、顶焦度、透过率、厚度等计量检测设备"规定的，责令改正，可以并处 1 000 元以上 10 000 元以下罚款。

（3）违反"从事角膜接触镜配戴的经营者还应当配备与经营业务相适应的眼科计量检测设备"规定的，责令改正，可以并处 2 000 元以下罚款。

（4）违反"保证出具的眼镜产品计量数据准确可靠"规定的，责令改正，给消费者造成损失的，责令赔偿损失，没收全部违法所得，可以并处 2 000 元以下罚款。

（5）眼镜制配者违反规定，拒不提供眼镜制配账目，使违法所得难以计算的，可根据违法行为的情节轻重处以最高不超过 30 000 元的罚款。

（6）从事眼镜制配计量监督管理的国家工作人员滥用职权、玩忽职守、徇私舞弊的，给予行政处分；构成犯罪的，依法追究刑事责任。

（7）从事眼镜制配计量器具检定的计量检定机构和计量检定人员有违反计量法律、法规和《眼镜制配计量监督管理办法》规定的，按照计量法律、法规的有关规定进行处罚。

第五章
计量技术机构监督管理

计量技术机构是指在我国量值传递和量值溯源体系中，建立计量基准等有关基础设施，从事计量检定、计量校准等有关计量活动的技术机构。计量技术机构主要包括：依法设置的法定计量检定机构、授权建立的法定计量检定机构、专业计量站、有关部门或单位建立的计量技术机构、计量校准机构等。计量技术机构是保障国家计量单位制统一和量值准确可靠的重要技术力量，在促进科技进步、保障贸易公平、推动产业发展和质量提升等方面起着不可替代的计量技术基础保障作用。

第一节　法定计量检定机构监督管理

《计量法》《计量法实施细则》《法定计量检定机构监督管理办法》《专业计量站管理办法》对法定计量检定机构的组成、职责和监督管理等作出了明确的规定。

一、法定计量检定机构的概念

法定计量检定机构是指县级以上人民政府市场监管部门依法设置或授权建立的计量技术机构，是保障我国计量单位制的统一和量值的准确可靠，为市场监管部门依法实施计量监督管理提供技术保证的技术机构。

依法设置的法定计量检定机构是指县级以上人民政府市场监管部门根据实施《计量法》的需要依法设置并经上级市场监管部门授权的计量检定机构。

授权建立的法定计量检定机构是指县级以上人民政府市场监管部门根据实施

《计量法》的需要，充分发挥社会计量技术力量，授权有关部门或单位的专业性或区域性计量检定机构，作为法定计量检定机构。

专业计量站是指县级以上人民政府市场监管部门根据实施《计量法》的需要，充分发挥行业部门专业技术力量，授权建立的专业性法定计量检定机构。专业计量站是对专业性的法定计量检定机构的一种专门授权形式。

二、法定计量检定机构的组成

法定计量检定机构包括：依法设置的法定计量检定机构和授权建立的法定计量检定机构。其中，授权建立的法定计量检定机构可分为专业性和区域性两种类型，专业性法定计量检定机构的授权性质等同于专业计量站，可按照《专业计量站管理办法》的规定，授权作为专业计量站。

依法设置的法定计量检定机构是法定计量检定机构的主体，主要承担强制检定和其他检定、测试任务。授权建立的专业性法定计量检定机构或专业计量站是根据我国生产、科研的需要承担授权的专业计量检定、测试任务的计量检定机构，在授权项目上，一般选定专业性强、跨部门使用、急需统一量值，而市场监管部门又不准备开展或无条件开展的专业项目。根据需要，市场监管总局授权各大区计量测试中心作为区域性的法定计量检定机构。县级以上人民政府市场监管部门也可以根据本地区的需要，授权建立区域性的法定计量检定机构，承担有关项目的强制检定和其他计量检定、测试任务。这些授权建立的专业性和区域性法定计量检定机构是全国法定计量检定机构的一个重要组成部分，在确保全国量值的准确可靠上起到了积极作用。

三、法定计量检定机构的职责

（一）依法设置和授权建立的法定计量检定机构职责

根据《法定计量检定机构监督管理办法》规定，依法设置和授权建立的法定计量检定机构根据市场监管部门授权履行下列职责：

（1）研究、建立计量基准、社会公用计量标准或者本专业项目的计量标准；

（2）承担授权范围内的量值传递，执行强制检定和法律规定的其他检定、测试任务；

（3）开展校准工作；

（4）研究起草计量检定规程、计量技术规范；

（5）承办有关计量监督中的技术性工作。

这里"承办有关计量监督中的技术性工作"，在具体应用时，一般包括市场监管部门授权或委托的计量标准考核、计量器具新产品的型式评价、仲裁检定、计量器具产品质量的监督检验、定量包装商品净含量计量监督检验等工作。

（二）专业计量站职责

《专业计量站管理办法》中明确规定了国家计量站和地方计量站的职责。

1. 国家专业计量站职责

（1）负责保存、维护和使用本专业项目的计量基准、计量标准。

（2）承担授权范围内的量值传递，执行强制检定和法律规定的其他检定、测试任务。

（3）提出发展规划，制订年度工作计划。

（4）开展计量检测手段和检定方法的研究。

（5）组织或参加专业计量技术规范的制定。

（6）培训计量检定人员，组织经验交流，参加国内外有关的学术活动。

（7）负责授权范围内专业项目的计量管理并承办有关计量监督工作。

2. 地方专业计量站职责

（1）负责保存、维护和使用本专业项目的计量标准。

（2）承担授权范围内的量值传递，执行强制检定和法律规定的其他检定、测试任务。

（3）提出发展规划，制订年度工作计划。

（4）开展计量检测手段和检定方法的研究。

（5）负责授权范围内专业项目的计量管理并承办有关计量监督工作。

四、法定计量检定机构的行为准则

根据《法定计量检定机构监督管理办法》规定，法定计量检定机构不得从事下列行为：

（1）伪造数据；

（2）违反计量检定规程进行计量检定；

（3）使用未经考核合格或者超过有效期的计量基、标准开展计量检定工作；

（4）指派未取得计量检定证件的人员开展计量检定工作；

（5）伪造、盗用、倒卖强制检定印、证。

根据《计量法实施细则》第二十八条的规定，被县级以上人民政府计量行政部门授权，在规定的范围内执行强制检定和其他检定、测试任务的单位，应当遵守下列规定：

（1）被授权单位执行检定、测试任务的人员，必须经授权单位考核合格；

（2）被授权单位的相应计量标准，必须接受计量基准或者社会公用计量标准的检定；

（3）被授权单位承担授权的检定、测试工作，须接受授权单位的监督；

（4）被授权单位成为计量纠纷中当事人一方时，在双方协商不能自行解决的情况下，由县级以上有关人民政府计量行政部门进行调解和仲裁检定。

五、承担国家法定计量检定机构任务授权

为加强法定计量检定机构监督管理，规范计量检定行为，保障国家计量单位制的统一和量值的准确可靠，根据《计量法》《计量法实施细则》和《法定计量检定机构监督管理办法》《计量授权管理办法》的有关规定，依法设置的法定计量检定机构和申请承担法定计量检定机构任务的其他部门或单位的计量检定机构或技术机构，必须经市场监管部门考核合格，取得法定计量检定机构计量授权或专项计量授权，方可在授权项目范围内执行强制检定和其他检定、测试任务。申请法定计量检定机构计量授权和专项计量授权的行政许可名称为承担国家法定计量检定机构任务授权，是计量领域的4项行政许可事项之一。

（一）法制管理依据

1. 法律

《计量法》第二十条规定："县级以上人民政府计量行政部门可以根据需要设

置计量检定机构，或者授权其他单位的计量检定机构，执行强制检定和其他检定、测试任务。"

2. 行政法规

《计量法实施细则》第二十七条规定："县级以上人民政府计量行政部门可以根据需要，采取以下形式授权其他单位的计量检定机构和技术机构，在规定的范围内执行强制检定和其他检定、测试任务：

（一）授权专业性或区域性计量检定机构，作为法定计量检定机构；

（二）授权建立社会公用计量标准；

（三）授权某一部门或某一单位的计量检定机构，对其内部使用的强制检定计量器具执行强制检定；

（四）授权有关技术机构，承担法律规定的其他检定、测试任务。"

3. 国务院计量行政部门规章

《计量授权管理办法》全文（略）。

《法定计量检定机构监督管理办法》全文（略）。

《专业计量站管理办法》全文（略）。

（二）申请作为法定计量检定机构应具备的条件

（1）具有法人资格，或者有独立建制，其负责人应当有法人代表的委托书，能独立公正地开展工作。

（2）计量标准、计量基准检测装置和配套设施必须与申请授权项目相适应，满足授权任务的要求。

（3）工作环境能适应授权任务的需要，保证有关计量检定、测试工作的正常进行。

（4）检定、测试人员必须适应授权任务的需要，掌握有关专业知识和计量检定、测试技术，并经考核合格。

（5）具有保证计量检定、测试结果公正、准确的有关工作制度和管理制度。

（三）承担国家法定计量检定机构任务授权的组织考核单位

（1）市场监管总局负责受理下列计量检定机构的考核申请并组织考核：

1）市场监管总局依法设置或授权建立的国家级计量检定机构；

2）省级人民政府市场监管部门依法设置的省级计量检定机构。

（2）省级人民政府市场监管部门负责受理本行政区域内下列计量检定机构的考核申请并组织考核：

1）省级人民政府市场监管部门依法设置的省级以下（不含省级）计量检定机构；

2）省级人民政府市场监管部门授权建立的计量检定机构。

（3）市、县级人民政府市场监管部门授权建立的计量检定机构，由当地省级人民政府市场监管部门根据实际情况确定受理考核申请和组织考核的市场监管部门。

（四）承担国家法定计量检定机构任务授权的考核

承担国家法定计量检定机构任务授权的考核按照 JJF 1069《法定计量检定机构考核规范》的规定执行，办理流程见图 5-1，具体考核程序如下：

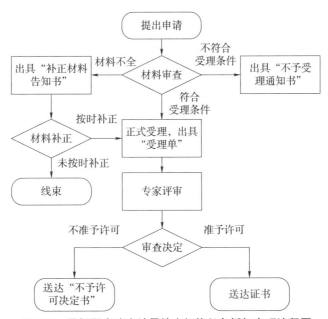

图 5-1 承担国家法定计量检定机构任务授权办理流程图

1. 递交材料

申请机构依据《法定计量检定机构监督管理办法》的规定向有关市场监管部门提出考核申请，按 JJF 1069《法定计量检定机构考核规范》的规定，提交考核申请书、考核项目表、考核规范要求与管理体系文件对照检查表、证书报告签发人员考核表和质量手册以及程序文件目录等申请文件。

2. 材料审查

接收材料的工作人员检查申请的文件、资料是否完整。材料不符合受理条件的，出具"不予受理通知书"；材料不全的，出具"补正材料告知书"；材料审查合格的，出具"受理单"。

3. 专家评审

受理单位出具"受理单"后，在 60 个工作日内组织评审。具体细则如下：

（1）考核准备

组织考核部门指派考评员对申请文件进行初审。将考核组名单和现场考核时间以文件形式正式通知申请机构。考核组组长负责制订现场考核计划并形成文件。若现场试验操作考核项目，准备用于现场试验的样品。

（2）现场考核

现场考核前召开首次会议，主要明确现场考核的目的和范围、说明依据的文件、现场考核计划、考核的程序和考核的方法等。考核实施过程中，考核组长根据考核记录和客观证据，确定不符合项，编制考核报告。现场考核后召开末次会议，主要内容包括考核组长通报考核结果，申请机构负责人对考核结果进行申诉和表态性发言。

（3）纠正措施验证

申请机构对存在的不符合项采取纠正措施并实施整改。考核组长负责对其进行跟踪验证，并确认其是否有效。

（4）考核资料的提交

考核组长向组织考核部门提交考核记录、证明材料及纠正措施验证报告。组织考核部门将所有材料提交至受理申请的市场监管部门进行审批。

（5）审查决定

由受理申请的市场监管部门根据考核报告及纠正措施验证报告，决定是否批准颁发计量授权证书。对经批准的机构，其授权证书应附上经确认的项目表以及证书报告授权签字人及签字领域。对未经批准的机构，送达"不予许可决定书"。

（五）承担国家法定计量检定机构任务授权的调整

（1）被授权单位必须按照授权范围开展工作，需新增计量授权项目，应申请新增项目的授权。

（2）被授权单位要终止所承担的授权工作，应提前6个月向授权单位提出书面报告，未经批准不得擅自终止工作。

（3）被授权单位达不到原考核条件，经限期整顿仍不能恢复的，由授权单位撤销其计量授权。

六、法定计量检定机构的监督检查

根据计量法律法规规定，各级人民政府市场监管部门应依法对本行政区域内法定计量检定机构进行监督检查。主要方式有：监督检查、计量比对和能力验证。

（一）监督检查

市场监管部门对法定计量检定机构进行全面监督检查的主要内容包括：《法定计量检定机构监督管理办法》规定内容的执行情况和《法定计量检定机构考核规范》规定内容的执行情况。也可针对性开展重点项目的检查。

1. 监督检查的内容

监督检查可参考如下内容：

（1）《法定计量检定机构监督管理办法》规定内容的执行情况；

（2）《法定计量检定机构考核规范》规定内容的执行情况；

（3）计量基准、社会公用计量标准、专业项目计量标准、标准物质管理情况；

（4）执行国家计量收费有关规定的情况；

（5）职业规范和能力建设情况；

（6）投诉举报相关问题。

2. 监督检查的程序

（1）制订检查计划：确定检查范围、检查内容、检查安排、检查工作要求。

（2）实施检查：按照检查计划，组织有关单位或检查组依据相关计量法律法规和计量技术法规对机构进行检查。

（3）检查结果汇总：检查工作完成后，根据实际检查情况汇总结果编写检查报告。

（4）通报检查结果：根据现场检查的情况，针对检查结果及不符合项进行通报。

（5）整改后处理：各监督检查部门督促跟进被检机构落实整改不符合项，并限期整改完成。

3. 监督检查的后处理

《法定计量检定机构监督管理办法》规定，对法定计量检定机构进行监督检查发现的问题，根据情况予以责令改正、责令限期改正并复查，视情节轻重处以警告、罚款、暂停相关工作、吊销计量授权证书等行政处罚。具体规定如下：

（1）法定计量检定机构有下列行为之一的，予以警告，并处1000元以下的罚款：

1）未经市场监管部门授权开展须经授权方可开展的工作的；

2）超过授权期限继续开展被授权项目工作的。

（2）法定计量检定机构有下列行为之一的，予以警告，并处1000元以下的罚款；情节严重的，吊销其计量授权证书：

1）未经市场监管部门授权或者批准，擅自变更授权项目的；

2）伪造数据的；

3）违反计量检定规程进行计量检定的；

4）使用未经考核合格或者超过有效期的计量基、标准开展计量检定工作的；

5）指派未取得计量检定证件的人员开展计量检定工作的。

（3）伪造、盗用、倒卖强制检定印、证的，没收其非法检定印、证和全部违法所得，并处2000元以下的罚款；构成犯罪的，依法追究刑事责任。

（二）计量比对

1. 计量比对的组织

（1）市场监管总局负责全国计量比对的监督管理工作，组织实施国家计量比对。

（2）县级以上地方人民政府市场监管部门在各自职责范围内负责计量比对的监督管理工作。

（3）计量授权的组织考核部门可以自己组织计量比对，也可以委托其他有能力的机构参与组织。

（4）计量授权的组织考核部门应保存适当的计量比对的清单。

（5）计量比对实施应依据 JJF 1117—2010《计量比对》执行。

2. 计量比对的参加原则

（1）辖区内取得计量授权的法定计量检定机构必须参加计量授权的组织考核部门组织的计量比对。

（2）鼓励法定计量检定机构参加其他部门组织的计量比对和能力验证活动。

3. 计量比对结果的应用

（1）计量比对结果是监督法定计量检定机构运行质量的重要的客观依据。

（2）法定计量检定机构参加计量授权的考核部门组织的计量比对的结果作为市场监管部门对该机构授权的依据。

（3）计量比对结果不满意，且整改后仍不满意的，市场监管部门应暂停该计量比对项目授权。

七、常见问题

1. 社会组织、企业、自然人是否可以申请法定计量检定机构面向社会开展工作？

答：《计量法》第六条、《计量法实施细则》第二十七条规定，县级以上地方人民政府计量行政部门可根据本地区需要，授权其他单位的计量检定机构和技术机构，在规定的范围内执行强制检定和其他检定测试任务。社会组织、企业、自然人可以申请，但人民政府计量行政部门应依据本地区需要，对现有法定计量检定机构能力不能覆盖的特殊领域、特殊行业进行授权，并非对所有申请都予以授权。

2. 法定计量检定机构依据"法定计量检定机构计量授权证书"及附件开展计量检定工作，授权证书附件中明确了授权的区域，超区域开展计量检定工作是否合法？

答：不合法。《计量授权管理办法》第十一条规定，被授权单位必须按照被授权范围开展工作，违反上款规定的，责令其改正，没收违法所得；情节严重的，吊销计量授权证书。

3. 中小企业产品研发缺少相应的测试设备和条件，可以申请用法定计量检定机构的实验室吗？

答：为了帮助企业进行产品研发，不断提高产品质量，鼓励法定计量检定机构向中小企业开放计量实验室，推动开放的计量实验室成为中小企业研发、生产和测试验证的公共服务平台，为推进企业技术创新、先进制造提供支撑和保障。

第二节　计量校准机构监督管理

目前，国家暂无计量校准监督管理的相关规定，本节供参考学习。上海、浙江、广东、黑龙江等省（市）出台了计量校准监督管理的地方性法规、规范性文件，是加强计量校准机构监督管理的有益尝试。

一、计量校准机构管理的必要性

计量校准是一种灵活的量值溯源方式，根据测量设备的使用需求，由使用者（客户）自行确定所需计量校准的参数、量程、量值等，并由提供计量校准服务的机构通过实验，确定由测量标准提供的量值与相应示值之间的关系。通常，计量校准报告只提供所需量值的实际值或误差和校准结果的不确定度，不做符合性判定。虽然一般情况下计量校准报告只能用于客户测量设备的验证，表明其量值具有计量溯源性，不具社会公证性。但计量校准机构是否具有相应能力以及提供的计量校准服务是否规范等，都直接关系到校准结果的有效性，从而影响测量设备的量值准确，进而影响客户的量值安全。因此，有必要对计量校准机构实施切实有效的监督管理。

二、计量校准机构职责

计量校准机构作为计量校准活动的主体应当履行的职责、遵守的规则和拥有的权利以及应具备的基本能力要求如下。

1. 能力和条件要求

计量校准机构应当具备与其开展计量校准服务相适应的计量标准、场所、设施、人员、环境条件和测量方法，并建立相应的质量、安全和风险管理体系。

2. 计量校准信息公示要求

计量校准机构应当在市场监管部门指定的计量校准信息公共服务平台向社会公开声明其计量校准能力。计量校准机构应当公开其配备的计量标准器具名称及其测量范围、不确定度或准确度等级或最大允许误差，开展的计量校准项目名称及其测量范围、不确定度或准确度等级或最大允许误差，实验室地址及联系信息。公开的信息应当真实、完整，内容发生变化的，应当及时更新。

3. 计量标准溯源要求

计量校准机构建立的计量标准的量值应当溯源至国家计量基准或社会公用计量标准。经计量校准委托方同意，计量校准机构可以选择国家计量基准或社会公用计量标准以外的溯源途径。计量校准机构应当向委托方提供相关计量标准的溯源信息。

4. 人员要求

计量校准机构应当建立必要的计量校准服务实施人员能力培训和考核制度，使其具备必要的计量校准专业技术或相应的管理能力。鼓励计量校准服务实施人员取得注册计量师职业资格。

5. 责任主体要求

计量校准机构应当对其出具的计量校准报告承担法律责任。

6. 能力变更和保持要求

计量校准机构应当采取必要措施，保证其持续符合开展计量校准服务所需要的基本能力和条件要求。计量校准机构在其能力范围内，无正当理由不得拒绝参加由政府计量行政主管部门组织的计量校准能力验证和比对。

7. 计量校准机构公开信息要求

计量校准机构宣传自身计量校准服务能力的信息应当真实、准确、清晰和完整，不得有欺骗计量校准需求方的内容。

8. 分包要求

经计量校准委托方同意，计量校准机构可以将委托的计量校准服务的部分内容分包给其他具有相应能力的计量校准机构，在出具的计量校准报告中注明分包情况，并对由分包方提供的计量校准数据和结果承担法律责任。

9. 保密义务要求

计量校准机构及其人员对其在计量校准服务中所知悉的国家秘密、商业秘密和个人隐私负有保密义务。

三、计量校准活动的要求

计量校准机构在开展计量校准活动过程中，应履行的责任和义务以及对其相关行为要求如下。

1. 义务和责任要求

计量校准机构应当保证所提供的计量校准数据的计量溯源性符合法律法规或双方约定的要求。计量校准机构应在市场监管部门指定的计量校准信息公共服务平台报送相关计量校准服务事项信息。计量校准机构应当接受县级以上人民政府市场监管部门依法对其进行的监督检查。

2. 计量校准服务合同要求

计量校准机构接受委托开展计量校准服务，应当与委托方订立书面合同或协议。计量校准机构与委托方订立合同或协议时，计量校准机构应当向委托方提供其计量校准能力和服务的相关信息，提供的信息应当真实、准确、清晰和完整。计量校准的委托方对其提供计量器具的技术资料的真实性和合法性负责。

3. 计量校准依据

计量校准机构应当采用适合的满足计量校准需求的或计量校准委托方指定的计量校准方法开展计量校准。计量校准委托方未指定计量校准方法时，计量校准机构开展计量校准服务，优先选用国家计量校准规范。经计量校准委托方同意，计量校准机构根据需要也可以自行编制计量校准方法文件。

4. 计量校准报告要求

计量校准机构应当按照计量校准服务合同的规定实施计量校准，并对计量校准的数据和结果出具计量校准报告。

5. 结果可追溯性要求

计量校准机构应当建立其计量校准数据、结果以及其他必要信息的可查证机制，对计量校准服务过程和条件的相关记录、计量校准报告应当建立档案，并至少保存四年。

6. 计量校准机构禁止行为

（1）伪造测量数据、计量校准过程和条件记录。

（2）出具包含虚假内容的计量校准报告。

（3）出具计量校准数据、结果失实。

（4）计量标准未按要求计量溯源。

（5）其他违反法律法规及有关规定的行为。

7. 委托方的义务

计量校准委托方应当履行委托合同义务，不得要求或者支持计量校准机构和人员出具不真实的计量校准报告。

四、计量校准机构的监督检查

根据《计量法》第十八条规定，市场监管部门应对辖区内开展计量校准服务的计量校准机构开展监督检查。

（一）监督检查的方式

1. 行政检查

县级以上人民政府市场监管部门可以对辖区内开展计量校准服务的计量校准机构进行监督检查。

2. 能力核查

市场监管部门可以对辖区内开展计量校准服务的计量校准机构服务能力、条件和活动实施能力验证和计量比对活动。

3. 社会监督

单位和个人发现计量校准机构有违法违规行为的，有权向人民政府计量行政部门投诉、举报。

（二）监督检查内容

（1）持续保持计量校准能力及计量溯源性。

（2）数据真实性、计量校准过程和条件记录是否符合规范。

（3）是否出具包含虚假内容的计量校准报告。

（4）计量标准是否按要求计量溯源。

（5）其他违反法律法规及国家有关规定的行为。

（三）监督检查的后处理

监督检查发现问题的计量校准机构，视情节轻重予以责令限期整改、注销"计量标准考核证书"等行政处罚，并根据失信行为情况，纳入失信企业名单管理。

1. 计量校准机构失信行为

计量校准机构的失信信息包括以下事项：

（1）拒绝接受市场监管部门依法进行的监督检查且拒不改正的；

（2）在申请计量校准产业扶持政策、相关荣誉表彰项目、接受市场监管部门检查过程中，提供虚假材料、隐瞒真实情况，或拒绝提供反映其活动的真实材料，侵害社会公共利益的信息；

（3）拒不执行生效法律文书的信息；

（4）市场监管部门适用一般程序作出的行政处罚信息，但违法行为轻微或者主动消除、减轻违法行为危害后果的除外；

（5）在市场监管部门组织的同一计量校准项目中连续两次计量校准能力验证或比对活动不合格的信息；

（6）在能力验证或比对活动中存在弄虚作假行为的信息；

（7）通过公共信用信息服务平台交换获取的其他行政机关作出的行政处罚信息；

（8）计量校准机构连续两次无正当理由拒不参加市场监管部门指定的计量校准能力验证或比对的信息；

（9）计量校准机构未按规定在计量校准信息公共服务平台报送相关计量校准服务事项信息，且逾期未改的；

（10）其他与计量校准机构相关的失信信息。

计量校准机构的严重失信信息包括计量校准机构故意弄虚作假导致人身健康和财产安全严重损害的信息。

2. 计量校准机构失信行为管理

对失信的计量校准机构，市场监管部门应当对计量校准失信行为建立信用记录，纳入全国信用信息共享平台，并采取以下惩戒措施：

（1）在日常监督管理中列为重点监督管理对象，增加检查频次，加强现场核查等；

（2）在计量校准能力验证和比对等活动中，列为重点核查对象；

（3）限制享受财政资金补助等政策扶持；

（4）限制参加政府采购、政府购买服务、政府投资项目招标等活动；

（5）限制参加市场监管部门组织的各类表彰奖励活动；

（6）国家和地方规定可以采取的其他措施；

（7）列入严重失信主体名单的计量校准机构，对法人和自然人失信行为采取信息联动措施。市场监管部门在记录该单位失信信息时，应当标明对该单位严重失信行为负有责任的法定代表人、主要负责人和其他直接责任人的信息。市场监管部门可以会同相关部门，依法对该单位的法定代表人、主要负责人和其他直接责任人作出相应的联合惩戒措施。

第三节　产业计量测试中心建设

一、产业计量测试中心概述

产业计量测试中心是原质检总局于 2013 年创设的一项旨在充分发挥计量测试和计量科技创新作用，支撑产业高质量发展的顶层设计，是推动完善产业计量市场化运行机制的载体和平台。产业计量测试中心是指在现有计量技术机构、部门行业所属企业的基础上，面向产业发展需求，为产业发展提供全溯源链、全寿命周期、全产业链的计量技术服务，并开展具有前瞻性的计量科学研究，经市场监管总局或省级人民政府市场监管部门批准成立的计量测试服务机构。产业计量测试中心分为市场监管总局批准的国家产业计量测试中心和省级人民政府市场监管部门批准的省级产业计量测试中心。

为了规范和加快产业计量测试中心的建设，2020 年，市场监管总局印发了加强国家产业计量测试中心建设的指导意见，鼓励和引导社会各方计量技术资源和力量，申请筹建国家产业计量测试中心，助推产业创新和高质量发展。

根据国家战略发展和产业转型升级要求，按照统筹协调、合理布局、突出重点、适度超前的原则，对产业计量测试中心进行统一规划。同一产业的国家产业计量测试中心原则上只批筹建设 1 个。在节能环保、新一代信息技术、生物医药、高端装备制造、新能源、新材料等战略性新兴产业，以及交通运输、邮电通信、物流仓储等现代服务业等重点领域，优先规划建设国家产业计量测试中心。

截至 2023 年，已批筹或已验收的国家级产业计量测试中心名单见表 5-1 和表 5-2。各产业计量测试中心积极围绕产业发展需求和瓶颈问题，以计量杠杆撬动产业发展的痛点，不断加强计量测试技术、方法和设备的研究和应用，努力服务产业创新发展和质量提升，在科技创新、能力建设和运行服务等方面取得了显著成效，也因此得到了各级政府的大力支持和广大企业的热烈欢迎，赢得了产业界的高度认可和社会的广泛关注。

表 5-1　已验收国家级产业计量测试中心名单（共 22 家）

序号	单位名称	依托单位	地点
1	国家航天器产业计量测试中心	北京东方计量测试研究所	北京
2	国家平板显示产业计量测试中心（苏州）	苏州市计量测试研究院	江苏
3	国家平板显示产业计量测试中心（厦门）	厦门市计量检定测试院	福建
4	国家运载火箭产业计量测试中心	北京航天计量测试技术研究所	北京
5	国家航空器产业计量测试中心	北京长城计量测试技术研究所	北京
6	国家物联网感知装备产业计量测试中心	无锡市计量测试院	江苏
7	国家核电仪器仪表产业计量测试中心	上海市计量测试技术研究院	上海
8	国家光伏产业计量测试中心	福建省计量科学研究院	福建
9	国家航天信息技术产业计量测试中心	北京无线电计量测试研究所	北京

续表

序号	单位名称	依托单位	地点
10	国家卫星导航定位产业计量测试中心	北京市计量检测科学研究院	北京
11	国家磁性材料产业计量测试中心	宁波市计量测试研究院	浙江
12	国家海洋油气资源开发装备产业计量测试中心	浙江省计量科学研究院	浙江
13	国家节能家电产业计量测试中心	山东省计量科学研究院	山东
14	国家精密机械加工装备产业计量测试中心	江苏省计量科学研究院	江苏
15	国家智能电网量测系统产业计量测试中心	国家电网公司国网计量中心	北京
16	国家生物技术药物产业计量测试中心	南京市计量监督检测院	江苏
17	国家商用飞机产业计量测试中心	中国商用飞机有限责任公司	上海
18	国家输配电装备产业计量测试中心	西安高压电器研究院股份有限公司	陕西
19	国家智能网联汽车产业计量测试中心	上海机动车检测认证技术研究中心有限公司	上海
20	国家煤电产业计量测试中心	新疆维吾尔自治区计量测试研究院	新疆
21	国家白酒产业计量测试中心（四川）	泸州市市场检验检测中心	四川
22	国家电动汽车电池及充电系统产业计量测试中心	深圳市计量质量检测研究院	广东

表 5-2　已批筹国家级产业计量测试中心名单（共 42 家）

序号	单位名称	依托单位	地点
1	国家智能控制系统制造产业计量测试中心	广东省计量科学研究院	广东
2	国家碳纤维产业计量测试中心	威海市产品质量标准计量检验研究院	山东
3	国家磨料磨具产业计量测试中心	郑州磨料磨具磨削研究所有限公司	河南
4	国家高速列车产业计量测试中心	中车青岛四方机车车辆股份有限公司	山东
5	国家航天动力产业计量测试中心	航天推进技术研究院	北京
6	国家大宗商品储运产业计量测试中心	舟山市质量技术监督检测研究院	浙江
7	国家新能源汽车储供能产业计量测试中心	安徽省计量科学研究院	安徽
8	国家汽车摩托车发动机产业计量测试中心	重庆市计量质量检测研究院	重庆
9	国家钨与稀土产业计量测试中心	赣州市计量检定测试所	江西

续表

序号	单位名称	依托单位	地点
10	国家环境监测仪器产业计量测试中心	青岛市计量技术研究院	山东
11	国家煤化工产业计量测试中心	宁夏计量质量检验检测研究院	宁夏
12	国家核电运营产业计量测试中心	中国广核集团有限公司	广东
13	国家核电核岛装备产业计量测试中心	烟台市计量所	山东
14	国家医疗器械产业计量测试中心	深圳市计量质量检测研究院	广东
15	国家铝产业计量测试中心	中国铝业集团有限公司	重庆
16	国家石墨烯材料产业计量测试中心（北京）	北京市计量检测科学研究院	北京
17	国家石墨烯材料产业计量测试中心（深圳）	中国计量科学研究院技术创新研究院	广东
18	国家港口能源物流产业计量测试中心	广州能源检测研究院	广东
19	国家先进钢铁材料产业计量测试中心	钢研纳克检测技术股份有限公司	北京
20	国家内燃机产业计量测试中心	潍柴动力股份有限公司	山东
21	国家中厚钢板产业计量测试中心	湖南华菱湘潭钢铁有限公司	湖南
22	国家海洋动力装备产业计量测试中心	中船动力（集团）有限公司	上海
23	国家水运监测装备产业计量测试中心	天津水运工程科学研究所	天津
24	国家城市轨道交通运输服务产业计量测试中心	广州计量检测技术研究院	广东
25	国家气体传感器产业计量测试中心	河南省计量科学研究院	河南
26	国家民用航空发动机产业计量测试中心	中国航发商用航空发动机有限责任公司	上海
27	国家乳制品产业计量测试中心	内蒙古自治区计量测试研究院	内蒙古
28	国家航空动力装置维修产业计量测试中心	襄阳航泰动力机器厂	湖北
29	国家原子能产业计量测试中心	中国原子能科学研究院	北京
30	国家稀土功能材料产业计量测试中心	包头市检验检测中心	内蒙古
31	国家农机装备产业计量测试中心	中国一拖集团有限公司	河南
32	国家无人机产业计量测试中心	航天彩虹无人机股份有限公司	浙江
33	国家智能工业机器人产业计量测试中心	常州检验检测标准认证研究院	江苏
34	国家石油钻探仪器仪表产业计量测试中心	山东胜工检测技术有限公司	山东

序号	单位名称	依托单位	地点
35	国家轨道交通装备关键机械系统及部件产业计量测试中心	中车戚墅堰机车车辆工艺研究所有限公司	江苏
36	国家绿氢装备产业计量测试中心	河北省计量监督检测研究院	河北
37	国家茶产业计量测试中心	福建省计量科学研究院 福建省南平市计量所	福建
38	国家水资源计量装备产业计量测试中心	力创科技股份有限公司 泰安市质量技术检验检测研究院	山东
39	国家不锈钢产业计量测试中心	山西省检验检测中心 太原钢铁（集团）有限公司	山西
40	国家光刻机产业计量测试中心（哈尔滨）	哈尔滨工业大学 黑龙江省计量检定测试研究院	黑龙江
41	国家集成电路微纳检测设备产业计量测试中心（上海）	同济大学 张江实验室	上海
42	国家集成电路处理器产业计量测试中心（武汉）	中国船舶集团有限公司第七〇九研究所	湖北

二、产业计量测试中心的建设内容

1. 开展产业计量测试需求分析

深入调查分析产业发展现状和重点任务，对比国内外情况，聚焦产业发展短板、瓶颈，查找"测不了、测不全、测不准"的痛点难点，明确符合产业方向的计量测试需求。系统梳理产品设计、研制、试验、生产和使用全过程的参数量值溯源情况，研究分析产品及其相关试验、测试设备的量值保证手段，编制产业参数量值溯源体系图，提出必要的量值保证方案和计量测试能力提升路线。

2. 加强产业计量测试技术研究

密切跟踪当前世界科技进步和产业发展的最新趋势，开展前瞻性计量测试技术、产业关键共性计量技术研究。根据国际单位制变革要求，加快传感技术、远程测试技术和在线测量技术等扁平化计量技术的研究与应用。加快航空航天、海洋船舶、生物医药、新能源、新材料等重点领域产业专用计量测试技术、方法研究，填补新领域计量测试技术空白。加强数控机床、机器人、轨道交通、卫星导航等领域精密测量技术研究，探索物联网、区块链、人工智能、大数据、云计算和 5G 等新技术在产业计量测试领域的应用。加强核心基础零部件、先进基础工艺、关键基础材料和产业技术基础相关计量测试技术研究，为"强基工程"提供计量支撑和保障。

3. 加强产业测试方法和专用设备的研究

围绕产业发展需要，充分利用现代化信息技术和手段，开展现场计量、在线计量、远程计量、嵌入式计量以及微观量、复杂量、动态量、多参数综合参量等相关测试方法研究，制定一批产业急需的校准方法或测试技术规范，推动产业技术标准升级。加快产业专用测试设备的研制，加强仪器仪表核心零部件、核心控制技术研究，培育一批具有核心技术和核心竞争力的高端仪器仪表品牌。

4. 参与过程计量控制和管理

帮助企业完善测量管理体系，加强对测量过程的控制和测量设备的管理。引导企业建立计量性设计概念，围绕关键测量参数建立参数流程图和作业指导书。协助企业加强不同阶段试验过程控制，制定全面系统的计量保证方案，科学合理配置计量测试资源。帮助企业加强特殊工艺过程、特殊产品的计量控制，解决关键计量测试技术难题。

5. 开展产业计量测试服务

围绕产品计量测试需求，开展从关键参数测量、仪器设备校准、产品测试评价到系统方案集成的全过程计量测试服务，提升全产业链计量测试服务能力和产品全寿命周期计量保障能力。帮助企业加强计量测试数据的积累、分析和应用，推进产业过程的数据化和智能化，提升企业精细化管理水平，促进企业提质增效。充分发挥计量与标准、检验检测、认证认可的协同作用，为产业发展提供质量基础设施一体化服务。

6. 搭建产业计量测试公共平台

积极发挥产业计量测试中心的牵头带动作用，联合有关计量技术机构、检验检测机构、科研院所、高校和企业等，搭建国家产业计量测试公共服务平台和联盟，聚焦产业发展中的计量测试难题，加强计量科研联合攻关和技术交流，促进计量科研成果在产业的转化应用，持续提升计量测试服务能力和水平，实现产业间计量测试资源优势互补、交叉融合。

三、产业计量测试中心的建设流程

（一）建设申请

1. 申请的基本条件

国家鼓励有条件的计量技术机构、检验检测机构、科研院所、高校、企业等申请成立国家产业计量测试中心，申请单位应具备以下基本条件：

（1）具有独立法人资格；

（2）申请的产业领域须符合国家产业计量测试中心发展规划；

（3）具有服务产业发展需求的计量测试能力；

（4）具有适应产业发展的计量科技创新能力；

（5）具有保障国家产业计量测试中心的运行能力；

（6）完成对产业状况及计量测试需求的调研工作。

2. 申请的提交

申请建立国家产业计量测试中心可以通过省级人民政府市场监管部门向省级人民政府进行汇报，由省级人民政府向市场监管总局正式提出筹建申请；也可以由国务院有关部门或中央企业向市场监管总局提出筹建申请。联合筹建的，由主要承建方负责提出筹建申请。申请时，应提交包括产业状况、计量测试需求、申报条件和能力、建设目标、筹建计划方案等在内的申报书和筹建任务书。

申请省级产业计量测试中心应按照相关省级人民政府市场监管部门印发的产业计量测试中心建设指导意见或管理办法的规定要求，由市级人民政府向省级人民政府市场监管部门提出书面申请，提交申报书和筹建任务书；省级人民政府有关部门、省属企业或中央驻省企业可直接向省级人民政府市场监管部门提交申报书和筹建任务书。

3. 申请的审核

受理申请的市场监管部门组织专家对申报书和筹建任务书进行论证，通过材料审查或实地考察的方式，全面分析建立该产业计量测试中心的必要性、可行性和充分性。必要时可提供进一步技术咨询和指导，帮助申请单位尽快了解产业计量测试中心的有关要求。

（二）批准筹建

市场监管总局组织专家对申请筹建国家产业计量测试中心的单位进行专家审查和现场评审，符合条件的，由市场监管总局函复省级人民政府或国务院有关部门、中央企业，批准筹建国家产业计量测试中心。

申请省级产业计量测试中心的单位经省级人民政府市场监管部门组织专家进行综合考察和评估，符合条件的，由省级人民政府市场监管部门审议后批准筹建。

申请、批准筹建流程详见图 5-2。

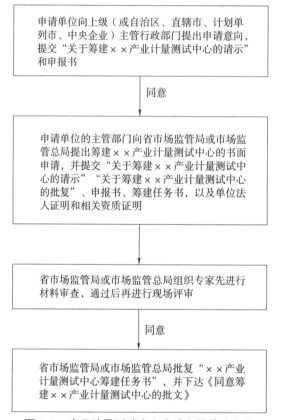

图 5-2　产业计量测试中心申请和批筹流程图

（三）筹建工作的要求

获批筹建的申请单位应按筹建任务书的要求开展筹建工作。包括质量管理体系建设、计量检测能力建设、关键参数测量能力建设、科研能力建设，以及筹建任务书规定的其他筹建工作。获批筹建的申请单位应将产业计量测试平台及联盟的建设工作融入筹建过程。

筹建过程中发现的问题，应及时向市场监管部门汇报，市场监管部门根据需要，对筹建中的产业计量测试中心派出专家组进行指导和帮助。

国家产业计量测试中心的筹建工作一般在 3 年内完成，不能按时完成筹建任务的申请单位，应提前三个月向市场监管总局或省级人民政府市场监管部门提出延期申请，经批准可延期验收，筹建期最长不得超过 5 年。

（四）筹建工作的验收

1. 自查自评

产业计量测试中心完成相关筹建任务后，按照《市场监管总局办公厅关于印发国家产业计量测试中心评审细则及相关材料格式范本的通知》（市监计量函〔2022〕549 号）中的验收评审细则核查表进行自查自评，或按照相关省级产业计量测试中心验收评审细则等文件规定的核查表进行自查自评。当自评达到筹建预期目标，且向上级主管部门汇报经同意后，向市场监管总局或省级人民政府市场监管部门提出正式验收申请，提交筹建工作总结报告和能力后续建设规划。

2. 现场核查

市场监管部门对验收材料进行初步审查，未通过初审的单位，需补充修订准备的验收材料；通过初审的单位，市场监管部门组织专家对产业计量测试中心进行现场核查。现场核查时，产业计量测试中心的主要领导和相关技术人员均应参加。申请单位应提前准备好以下现场核查验收时可能会涉及的相关材料：

（1）产业计量测试中心筹建工作总结报告、自查报告以及能力后续建设规划；

（2）产业计量测试中心质量手册、程序文件、记录表格、作业指导书及相关的质量计划和记录等质量体系文件；

（3）筹建任务书中计划建立的计量标准通过考核并取得计量标准考核证书、计量检定人员资质证书等；

（4）筹建任务书中计划建立的计量校准项目，尚未颁布国家计量校准规范的，应依据 JJF 1071—2010《国家计量校准规范编写规则》编制计量校准规范，需提供通过专家评审的计量校准规范文本和技术评审证明，以及计量标准考核证书；

（5）筹建任务书中计划建立的关键参数测量项目，应由筹建单位自行编制测量规范，并需提供通过专家评审的测量规范文本和技术评审证明、出具的测量报告及原始记录；

（6）测量仪器设备配置表、计量检定项目能力表、计量校准项目能力表、关键参数测量项目能力表；

（7）有关计量科研项目、科研获奖、专著、译著、论文、专利，参与起草的计量检定规程、计量校准规范，以及技术规范等材料；

（8）专业技术人员名册，学科带头人和技术领军人物的个人情况介绍，近年来产业领域内的高层次人才的引进和培养情况；

（9）产业计量测试中心建设资金投入情况，地方政府支持资金及到位情况，基础保障情况，筹建单位在相关业务领域的检测业务开展情况；

（10）产业计量测试中心联盟与平台建设情况等。

专家根据验收评审细则的有关要求，对计量测试项目能力与水平、计量科技创新能力与成果、产业计量测试中心运行能力与成效等方面进行评审。根据验收评审细则核查表项目评分达到规定分数的通过验收，专家组完成验收报告。

3. 整改

现场核查评分未达到规定分数没有通过验收的筹建单位，市场监管部门下达整改通知书，整改期限为 6 个月。对整改后经专家组复审合格的筹建单位通过验收；整改后仍未通过验收的，市场监管部门撤销其筹建资格。

4. 批准

申请国家产业计量测试中心的单位通过验收的，由市场监管总局回函省级人民政府或国务院有关部门、中央企业，批准国家产业计量测试中心成立。申请省级产业计量测试中心的单位通过验收的，由省级人民政府市场监管部门回函给市级人民政府或省政府有关部门、省属企业或中央驻省企业，批准省级产业计量测试中心成立。验收和批准流程见图 5-3。

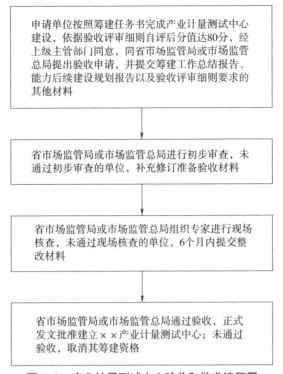

申请单位按照筹建任务书完成产业计量测试中心建设，依据验收评审细则自评后分值达80分，经上级主管部门同意，同省市场监管局或市场监管总局提出验收申请，并提交筹建工作总结报告、能力后续建设规划报告以及验收评审细则要求的其他材料

省市场监管局或市场监管总局进行初步审查，未通过初步审查的单位，补充修订准备验收材料

省市场监管局或市场监管总局组织专家进行现场核查，未通过现场核查的单位，6个月内提交整改材料

省市场监管局或市场监管总局通过验收，正式发文批准建立××产业计量测试中心；未通过验收，取消其筹建资格

图 5-3　产业计量测试中心验收和批准流程图

四、产业计量测试中心的监督检查

（一）监督检查的实施

市场监管总局负责国家产业计量测试中心的监督检查，省级人民政府市场监管部门负责对省级产业计量测试中心的监督检查，监督检查包括定期检查、随机抽查或阶段性评价。重点检查产业计量测试中心的运行情况、能力提升情况、服务和融入产业的情况、重点科研项目和后续能力建设规划的落实情况等。监督检查发现问题的，市场监管部门责令其限期整改，期间暂停向产业提供计量测试服务；整改后仍达不到要求的，市场监管部门可以撤销其资格。

（二）监督检查的方式

1.常规检查

对产业计量测试中心开展监督检查时，应当按照随机抽取检查对象，随机选派执法检查人员的方式组织实施，并公开检查结果。

2.重点检查

针对重点领域、重点区域或者根据突发事件应急处理需求，组织开展专项的重点检查。

3.社会监督

任何单位和个人对中心的违法违规行为，有权向市场监管部门举报，市场监管部门应当及时调查处理，并为举报人保密。

（三）监督检查的方法

产业计量测试中心所在地的市场监管部门或上级主管部门在监督检查过程中，可以行使下列职权：

（1）进入产业计量测试中心经营活动场所进行现场检查；

（2）向产业计量测试中心、委托人等有关单位及人员询问、调查有关情况或者验证相关活动；

（3）查阅、复制、录制有关的活动档案、合同、发票、账簿及其他相关资料。

（四）监督检查的内容

（1）产业计量测试中心的运行情况。

（2）关键参数测量技术能力提升及服务成效。

（3）计量科技创新能力提升及应用成果。

（4）服务产业发展取得实际成效的案例。

（5）产业计量测试中心能力后续建设规划的实施进度和重点项目的落实情况等。

（6）产业计量测试平台和联盟建设情况及成效。

此外市场监管部门可以自行组织或者委托第三方机构，对中心开展能力验证，以确定和监督产业计量测试中心从事特定计量活动的技术能力。

五、建设产业计量测试中心的探索思考

1.探索计量测试服务体系主体机构的深度融合

产业计量服务体系的内涵是技术支撑体系，目的是帮助企业从计量学角度重新认识各生产要素之间的关联，寻找增值、增效的突破点，从战略的高度认识产

业计量对企业创新能力和提高生产力的正面影响，激发企业自主创新的原动力。产业计量测试中心要实现以上目标并取得长久发展，必须依托"产学研用一体化"和"计量、标准、检验检测、认证认可一体化"的发展模式。这需要计量测试服务体系中各主体机构相互融合，纵向、横向联合产业的生产企业、科研单位和高校，建立开放式的资源和利益共享合作机制，合作解决具有前瞻性的技术问题，为产业未来的发展打下坚实的基础。

2. 加强计量技术服务与产业企业的深度合作

产业计量测试中心所服务的产业领域非常明确具体，重点研究服务于产业链各环节、产品生命周期全过程各环节的计量设计、测量方法，并将经实验验证的测量方法转化为技术规范。这就要求产业计量测试中心与产业企业建立更紧密的合作，深入产业企业一线，充分了解产业企业的计量测试需求，解决产业企业工艺流程中的痛点和问题，激励产业企业提高工艺技术水平，从产业企业的真正需求出发，提供能解决实际技术难题的计量技术服务。

3. 夯实产业计量技术基础

产业计量具有整体性、系统性、全程性、针对性及导向性等特点，其服务范围、模式和方式与传统的计量技术相比都有明显的差别。因为产业企业实际生产中遇到的难点、疑点相比常规的计量检定校准，其复杂程度高、时效性强，往往需要多专业协同分析合作，而扎实的计量技术基础是多学科综合运用的技术保障。因此，必须继续加大计量技术基础建设投入，促进测试技术水平引导产业技术水平发展的新局面，让产业计量测试中心在产业服务中发挥更高的效能。

4. 拓宽人才引进和人才培养的渠道

产业计量测试中心为企业提供全方位、全产业链的计量技术服务的瓶颈往往是缺乏高水平的计量技术人才。与传统的计量检定、计量校准服务机构相比，产业计量测试中心要想实现计量服务支撑企业创新发展的核心目的，就不能以传统的长、热、力等计量分类培养技术人员，需持续推进高素质综合型人才的引进和培养，例如：加强产业领军人才的引进力度，积极引进相关专业的院士和长江学者等高级人才；加强与产业龙头企业、核心企业之间的合作，提升到战略合作关系，在人才、技术、设备、平台方面实现最大程度上的资源共享；充分发挥产业计量测试联盟在"产学研检用一体化"体系中的重要纽带作用，举办常态化、规范化的中心和产业计量测试联盟技术研讨会；承办国家级或者国际产业计量测试技术学术会议等。

5. 着力推动生产企业研发创新和技术升级

作为社会创新发展的主体，企业不仅在产品质量提升方面需要计量的基础支持，在研发创新方面更需要计量技术的支撑。对于不断探索发展的企业而言，计量在保障研发创新领域的量值准确可靠发挥着不可或缺的作用。因为任何一项自主创新的技术或工艺必须通过创新性的实验设计，经过反复试验、测量，汇总大量测量数据确定测量方法、建立测量体系后，再经过推敲、验证，最终将精准的测量方法转化成测试技术，进而实现自主创新的科研成果转化。产业计量测试中心需不断探索计量推动产业创新发展的技术支撑服务，全力提升科研领域量值传递覆盖率。联合创新型企业参与到企业研发、生产过程中的测量工作，完成量化条件的计量测试，协助企业发现产品可能存在的缺陷并加以改进。为企业不断尝试新方法、发展新技术，提供全程化的跟踪服务。通过对企业关键参数的测量，帮助企业掌握核心测试技术和数据，推进产业深度调整升级，支撑产业向高端、高效、高辐射的方向发展，为区域性创新经济发展提供基础保障。

第六章
计量专业技术人员监督管理

计量专业技术人员主要包括：注册计量师、计量考评员和法定计量检定机构从事计量检定工作的专业技术人员。

第一节　注册计量师监督管理

2006年，原人事部、原质检总局联合发布《注册计量师制度暂行规定》，我国开始推行注册计量师职业资格制度。2019年10月，市场监管总局、人力资源社会保障部联合印发实施《注册计量师职业资格制度规定》（国市监计量〔2019〕197号），对注册计量师职业资格制度进行了调整优化，对注册计量师注册管理提出新要求。2022年2月，市场监管总局修订印发《注册计量师注册管理规定》（市场监管总局公告2022年第6号），以进一步加强注册计量师队伍建设，规范注册计量师注册工作并加强监督管理。

一、注册计量师的相关概念

注册计量师是指从事计量检定、校准、检验、测试等计量技术工作，并经考试取得相应级别注册计量师资格证书，依法注册后，从事规定范围计量技术工作的专业技术人员。注册计量师分为一级注册计量师和二级注册计量师。

二、注册计量师职业资格考试

注册计量师是国家准入类职业资格制度之一，实行全国统一大纲、统一命题、统一组织的考试制度，原则上每年举行一次，考试通过后，颁发注册计量师职业资格证书。

（1）人力资源社会保障部负责将注册计量师职业资格考试列入每年国家专业技术人员职业资格考试计划，确定考试时间。

（2）省级人事考试机构负责组织实施注册计量师职业资格考试考务工作，省级人力资源社会保障部门、省级市场监管部门对考试工作进行指导、监督、检查。

（3）注册计量师职业资格考试合格的，由省级人力资源社会保障部门颁发相应级别注册计量师职业资格证书。该证书由人力资源社会保障部统一印制，人力资源社会保障部与市场监管总局共同用印，在全国范围内有效。

三、注册计量师注册

国家对法定计量检定机构和市场监管部门授权技术机构中执行计量检定任务的注册计量师实行注册管理。取得注册计量师职业资格证书的人员，需通过计量专业项目考核，经注册取得注册计量师注册证后，方可开展相应的计量检定活动。2022 年 1 月，"注册计量师注册"列入《法律、行政法规、国务院决定设定的行政许可事项清单（2022 年版）》，是计量领域的 4 项行政许可事项之一。

（一）计量专业项目考核

依法设置和授权建立的法定计量检定机构中取得注册计量师职业资格证书的人员，需取得所申请注册执业的计量专业项目考核合格证（或原各级质量技术监督部门颁发的计量检定员证中相应核准的专业项目），方可进行注册。

1. 组织考核单位

省级人民政府市场监管部门负责本行政区域内的计量专业项目考核，可指定具有相应能力的单位组织考核，也可由注册计量师执业单位自行组织考核。

2. 考核内容

计量专业项目考核包括计量专业项目操作技能考核及计量专业项目知识考核。计量专业项目操作技能考核主要包括相应计量器具检定全过程的实际操作、计量检定结果的数据处理和计量检定证书的出具等。计量专业项目知识考核主要包括计量专业基础知识、相应计量专业项目的计量技术法规、相应计量标准的工作原理以及使用维护知识等。两项考核均为百分制评分，其中计量专业项目操作技能考核 70 分为及格，计量专业项目知识考核 60 分为及格。

3. 考核程序

（1）申请计量专业项目考核的人员，应当通过执业单位向组织考核单位提出申请，并提交计量专业项目考核申请表（格式参见表 6-1，供参考）。

（2）组织考核单位在申请人通过计量专业项目操作技能考核后，出具计量专业项目操作技能考核评分表（格式参见表 6-2，供参考）。

（3）计量专业项目知识考核和计量专业项目操作技能考核结束后，由组织考核单位出具计量专业项目考核审批表（格式参见表 6-3，供参考）、《计量专业项目考核合格证》（格式参见表 6-4，供参考），并保留考核档案材料。

表 6-1　计量专业项目考核申请表

姓名		职称		身份证号	
学历		联系电话		执业单位	
执业单位地址及邮编					
计量专业类别	项目	子项目	计量技术规范名称及编号		
申请人声明： 　　本人保证用于申请计量专业项目考核的相关内容真实可靠，如有虚假，愿承担由此造成的法律后果。 　　申请人签字：　　　　　　　　　　　　　　　　　　年　月　日					
申请人执业单位意见： 　　　　　　　　　　　（单位公章） 　　　　　　　　　　　年　月　日					

填写说明：计量专业项目考核申请表由组织考核单位负责存档。

表 6-2　计量专业项目操作技能考核评分表

考核日期：　　　年　月　日　　　　　　考核地点：

姓名		职称			身份证号	
学历		联系电话			执业单位	
计量专业类别	项目	子项目		计量技术规范名称及编号		
被检样品名称						
被检样品型号、编号						
所使用计量标准的名称				计量标准考核证书编号		

考核内容及评分标准					满分	评分	总分
操作程序	正确程度	Ⅰ正确	Ⅱ基本正确	Ⅲ部分正确	15		
	分值	15～13分	12～10分	9～1分			
	熟练程度	熟练	较熟练	不熟练	5		
	分值	5～4分	3～2分	1～0分			
操作方法	正确程度	Ⅰ正确	Ⅱ基本正确	Ⅲ部分正确	30		
	分值	30～26分	25～20分	19～1分			
	熟练程度	熟练	较熟练	不熟练	10		
	分值	10～8分	7～4分	3～0分			
数据处理与出具证书	正确程度	Ⅰ正确	Ⅱ基本正确	Ⅲ部分正确	30		
	分值	30～26分	25～20分	19～1分			
	熟练程度	熟练	较熟练	不熟练	10		
	分值	10～8分	7～4分	3～0分			

考核结论：　　□ 合格　　□ 不合格
需要说明的有关问题：

主考人 1：　　　（签字）	□ 计量标准考评员证号：量标考　字　　号
	□ 注册计量师注册证编号：
	□ 职称证书编号：
主考人 2：　　　（签字）	□ 计量标准考评员证号：量标考　字　　号
	□ 注册计量师注册证编号：
	□ 职称证书编号：

填表说明：

1. 计量专业项目操作技能考核评分表由组织考核单位负责存档。

2. 本表由主考人填写，总分 100 分，70 分及格。

3. 考核评分由准确性和熟练程度两部分组成，每部分分为三个层次，表述正确的选择层次Ⅰ作为评分段，基本正确的选择层次Ⅱ作为评分段，部分正确的选择层次Ⅲ作为评分段。

4. 计量专业项目操作技能考核应当在满足相应计量技术规范要求的条件下进行。每个计量专业项目考核需聘请 2 名及以上从事本计量专业项目 5 年以上且取得中级以上职称的专家作为主考人，其中至少 1 名为本计量专业项目的计量标准考评员或获得注册计量师注册证的专业技术人员。

没有本计量专业项目的计量标准考评员或获得注册计量师注册证的专业技术人员时，可以聘请相近计量专业项目的计量标准考评员或获得注册计量师注册证的专业技术人员、相应计量技术规范的主要起草人作为主考人。

5. 计量专业项目操作技能考核材料应包括被考核人出具的原始记录及模拟证书。

表 6-3　计量专业项目考核审批表

姓名		职称		身份证号			
学历		联系电话		执业单位			
执业单位地址及邮编							
计量专业类别	项目	子项目	计量技术规范名称及编号			知识考核成绩	操作技能考核成绩
主考人 1 姓名				□ 计量标准考评员证号：量标考　字　号			
				□ 注册计量师注册证编号：			
				□ 职称证书编号：			
主考人 2 姓名				□ 计量标准考评员证号：量标考　字　号			
				□ 注册计量师注册证编号：			
				□ 职称证书编号：			
组织考核单位意见：							
				（单位公章） 　　年　月　日			

注：计量专业项目考核审批表由组织考核单位负责存档。

表 6-4　计量专业项目考核合格证

编号：

姓名			身份证号	
执业单位				
计量专业类别	项目	子项目	计量技术规范名称及编号	
以上计量专业项目经考核合格。				
		组织考核单位（公章） 签发日期：　　年　月　日		

（二）注册计量师的注册程序

1. 注册机关

省级人民政府市场监管部门为一级、二级注册计量师的注册机关。

2. 注册对象

依法设置和授权建立的法定计量检定机构取得注册计量师职业资格证书的人员。

3. 初始注册

（1）注册条件

取得注册计量师职业资格证书的人员，申请初始注册应当具备下列条件：

1）取得所申请注册执业的计量专业项目考核合格证（原各级质量技术监督部门颁发的计量检定员证中核准的专业项目可视同计量专业项目考核合格证明）；

2）受聘于市场监管部门依法设置和授权建立的法定计量检定机构（以下称执业单位）。

（2）申请注册

申请人申请注册，可向执业单位所在地的省级人民政府市场监管部门提出注册申请，也可通过执业单位统一提出注册申请。初始注册需要提交以下材料：

1）注册计量师初始注册申请审批表（格式见表6-5，供参考）；

2）注册计量师职业资格证书（包括电子证书）及复印件；

3）计量专业项目考核合格证或原各级质量技术监督部门颁发的计量检定员证及复印件。

（3）形式审查

省级人民政府市场监管部门收到注册申请材料后，应当对其进行形式审查。申请材料不齐全或者不符合法定形式的，应当当场或者在5个工作日内，一次告知申请人或代理人需要补正的全部内容。申请材料齐全、符合法定形式的，应当受理其注册申请。省级人民政府市场监管部门受理或者不予受理注册申请，应当向申请人出具加盖本单位专用印章和注明日期的凭证。

表 6-5　注册计量师初始注册申请表

申请日期：　　　年　月　日

姓名		职称		身份证号	
学历		联系电话		执业单位	
执业单位地址					
注册计量师 职业资格 证书	级别	□ 一级　□ 二级		管理号	
	签发单位			批准日期	
□计量专业项 目考核合格证	签发单位				
	编号			签发日期	年　月　日
计量专业类别	项目	子项目	计量技术规范名称及编号		
□计量 检定员证	编号			签发单位	
	发证日期	年　月　日		有效期	年　月　日
计量专业类别	项目	子项目	计量技术规范名称及编号		
继续教育情况	起止时间	主要内容	实施单位		学时
申请人声明	本人保证用于申请初始注册的审批表及相关证明材料内容真实可靠，如有虚假，愿承担由此造成的法律后果。 　　　申请人签字：　　　　　　　　　　　　　　　　　年　月　日				
执业单位意见	（单位公章） 　　　　　　　　　　　　　　　　　　　　　　　年　月　日				

填写说明：

1.初始注册申请材料由注册审批机关负责存档。

2.内容较多的，可另加附页。

3.计量检定员证中所注明的"考核合格专业项目"应当按照计量专业项目分类表套改为"专业类别、项目、子项目、计量技术规范名称及编号"。

（4）注册决定

省级人民政府市场监管部门应当自受理申请材料之日起 20 个工作日内作出准予或不予注册的决定。20 个工作日不能作出决定的，经省级人民政府市场监管部门负责人批准，可以延长 10 个工作日，并应当将延长期限的理由告知申请人。

省级人民政府市场监管部门作出准予注册决定的，应当自作出决定之日起 10 个工作日内向申请人颁发注册计量师注册证。注册计量师注册证有效期为 5 年。

省级人民政府市场监管部门作出不予注册决定的，应当自作出决定之日起 10 个工作日内书面通知申请人。书面通知中应当说明不予注册的理由，并告知申请人享有依法申请行政复议或者提起行政诉讼的权利。

2. 延续注册

注册计量师注册有效期届满需继续执业的，应当在届满 60 个工作日前，向执业单位所在地的人民政府省级市场监管部门提出延续注册申请。延续注册需提交注册计量师延续注册申请审批表（格式见表 6-6，供参考）、注册计量师注册证及复印件。延续注册的受理和批准程序同初始注册。

3. 证书变更

注册计量师注册证有效期内，注册计量师执业单位或者计量专业类别发生变化的，应当向执业单位所在地的省级人民政府市场监管部门提出变更注册申请。证书变更需要提交下列材料：

（1）注册计量师变更注册申请审批表（格式见表 6-7，供参考）；

（2）注册计量师注册证及复印件；

（3）申请新增计量专业类别的，还应当提交相应的计量专业项目考核合格证或原各级质量技术监督部门颁发的计量检定员证及复印件；

（4）申请执业单位更名的，应当提交执业单位更名的相关文件及复印件；

（5）申请变更执业单位的，应当与原执业单位解除聘用关系，并被新的执业单位正式聘用。

变更注册后，注册计量师注册证有效期仍延续原注册有效期。原注册有效期届满在 6 个月以内的，可以同时提出延续注册申请。准予延续的，注册有效期重新计算。

表 6-6 注册计量师延续注册申请表

申请日期：　　年　月　日

姓名		职称		身份证号	
学历		联系电话		执业单位	
执业单位地址					

注册计量师注册证	级别	□一级　□二级		注册证编号	
	注册单位			注册有效期至	
	执业类别	□长度　□力学　□声学　□温度　□电磁　□无线电 □时间频率　□电离辐射　□化学　□光学　□专用类			

继续教育情况	起止时间	主要内容	实施单位	学时

申请人声明	本人保证用于申请延续注册的审批表及相关证明材料内容真实可靠，如有虚假，愿承担由此造成的法律后果。 　　　　　申请人签字：　　　　　　　　　　　　年　月　日
执业单位意见	 （单位公章） 年　月　日

填写说明：

1. 延续注册申请材料由注册审批机关负责存档。

2. 内容较多的，可另加附页。

表6-7 注册计量师变更注册申请表

申请日期：   年 月 日

姓名		职称		身份证号	
学历		联系电话		执业单位	
执业单位地址					

注册计量师注册证	编号			级别	□一级 □二级
	注册有效期	年 月 日至 年 月 日			
	执业类别	□长度 □力学 □声学 □温度 □电磁 □无线电 □时间频率 □电离辐射 □化学 □光学 □专用类			

变更情况	□计量专业类别 □执业单位 □执业单位更名

变更计量专业类别或执业项目	计量专业项目变更类型			□新增 □减少	
	计量专业类别	项目	子项目	计量技术规范名称及编号	
	计量专业项目考核合格证	编号		签发日期	
		签发单位			

变更执业单位	现执业单位	单位名称	
		单位地址	
	原执业单位	单位名称	
		单位地址	

申请人声明	本人保证用于申请变更注册的审批表及相关证明材料内容真实可靠，如有虚假，愿承担由此造成的法律后果。 申请人签字： 年 月 日
原执业单位意见（办理变更执业单位时适用）	（单位公章） 年 月 日
现执业单位意见	（单位公章） 年 月 日

填写说明：

1. 变更注册申请材料由注册审批机关负责存档。

2. 内容较多的，可另加附页。

3. 申请变更新的执业单位的，原执业单位应填写意见并加盖单位公章。

4. 不予注册

申请注册人员有下列情形之一的，不予注册：

（1）不具备完全民事行为能力的；

（2）刑事处罚尚未执行完毕的；

（3）因在计量技术工作中受到刑事处罚的，自刑事处罚执行完毕之日起至申请注册之日止不满 2 年的；

（4）法律、法规规定不予注册的其他情形。

5. 注销

注册计量师有下列情形之一的，由执业单位所在地的省级人民政府市场监管部门予以注销注册：

（1）不再具有完全民事行为能力的；

（2）申请注销注册的；

（3）注册有效期满且未延续注册的；

（4）被依法撤回、撤销、吊销注册的；

（5）受到刑事处罚的；

（6）与执业单位解除劳动或聘用关系的；

（7）执业单位被依法取消计量技术工作资质的；

（8）应当注销注册的其他情形。

申请注销注册计量师注册证的，需提交注册计量师注册证注销申请表（格式见表 6-8，供参考）、注册计量师注册证及复印件。

注册计量师注册证遗失、污损需要补办、更换的，应当持执业单位和本人共同出具的遗失说明，或者污损的原注册计量师注册证，向执业单位所在地的省级人民政府市场监管部门申请补办、更换。

表 6-8 注册计量师注册证注销申请表

申请日期：　　年　月　日

姓名		身份证号	
联系电话		注册证编号	
资格证书管理号		注册计量师级别	□ 一级　□ 二级
注销注册原因	□ 不再具有完全民事行为能力的 □ 申请注销注册的 □ 注册有效期满且未延续注册的 □ 被依法撤回、撤销、吊销注册的 □ 受到刑事处罚的 □ 与执业单位解除劳动或聘用关系的 □ 执业单位被依法取消计量技术工作资质的 □ 应当注销注册的其他情形		
计量专业类别	□ 长度　□ 力学　□ 声学　□ 温度　□ 电磁　□ 无线电 □ 时间频率　□ 电离辐射　□ 化学　□ 光学　□ 专用类		
执业单位		有效期至	年　月　日
注册机关		注册日期	年　月　日
申请人声明	本人保证用于注销的申请表及相关证明材料内容真实可靠，如有虚假，愿承担由此造成的法律后果。 　　　　申请人签字：　　　　　　　　　　　　　　　年　月　日		
执业单位意见	（单位公章） 　　　　　　　　　　　　　　　　　　　　年　月　日		

填写说明：注册计量师注册证注销申请材料由注册审批机关负责存档。

四、注册计量师监督抽查

（一）监督检查对象

（1）依法设置和授权建立的法定计量检定机构中执行计量检定任务的专业技术人员。

（2）负责组织计量专业项目考核工作的单位。

（二）监督检查内容

1. 检查注册计量师注册情况

（1）检查从事计量检定活动的人员是否取得注册计量师注册证，是否存在伪造、冒用注册计量师注册证的情况。

（2）检查注册计量师从事新的检定项目，是否通过新增计量专业项目考核，在计量技术法规更新后是否及时参加宣贯等继续教育。

（3）检查注册计量师所持注册计量师注册证有效期届满，是否及时申请延续。

2. 检查注册计量师履行义务情况

（1）是否能依照有关规定和计量检定规程开展计量检定、校准活动，恪守职业道德。

（2）是否能保证计量检定、校准数据和有关技术资料的真实完整。

（3）是否能正确保存、维护、使用计量基准和计量标准，使其保持良好的技术状况。

（4）是否能承担市场监管部门委托的与计量检定有关的任务。

（5）是否能保守在计量检定、校准活动中所知悉的商业秘密和技术秘密。

（6）是否按照国家专业技术人员继续教育的有关规定，每年参加继续教育。

3. 检查注册计量师是否存在违规行为

（1）是否存在伪造、篡改数据、报告、证书或技术档案等资料的行为。

（2）是否存在违反计量技术规范开展计量检定、校准的行为。

（3）是否存在使用未经考核合格的计量标准开展计量检定、校准的行为。

（4）是否存在变造、倒卖、出租、出借或者以其他方式非法转让注册计量师注册证的行为。

4. 检查组织计量专业项目考核单位的考核工作质量

（1）是否按照有关规定，及时建立相关管理制度，制定考核工作程序，发布年度考试计划，做好考务工作。

（2）是否能严肃考风考纪、遵守保密纪律，是否泄露考卷试题及答案，在考试中监考人员是否能严格执行好现场监考任务，抓好对计量检定操作技能考试的监督工作，是否存在营私舞弊行为。

（3）是否能完善后续管理，能否及时向申请人公布考试成绩，是否保留申请人的申请材料及考核档案 5 年。

（4）是否存在因考核工作质量问题引起的外部投诉。

（三）监督检查方式

（1）与计量技术机构检查相结合，作为检查重点内容之一。

（2）与计量标准器具核准、承担国家法定计量检定机构任务授权等考核相结合，作为考核重点内容之一。

（3）开展"双随机"监督检查，对组织考核单位、注册计量师进行监督抽查。

（四）监督检查程序

（1）制订检查计划：确定检查范围、检查内容、检查安排、检查工作要求。

（2）实施检查：检查注册计量师证等证件和资料，对注册计量师进行计量法律法规知识和专业知识提问，现场进行计量检定、校准等实际操作能力考核等。对组织考核单位主要检查管理制度、考核档案、考务安排、保密和考场纪律、投诉问题等。

（3）通报检查结果：根据检查的情况，对检查基本情况、存在问题进行通报，并提出下一步工作要求。

（4）整改后处理：督促存在问题的机构在规定期限内完成整改，对违法行为进行查处，并上报整改后处理情况。

（五）监督检查措施及处理

注册计量师有下列行为之一的，给予行政处分；构成犯罪的，依法追究刑事责任：

（1）伪造检定数据的；

（2）出具错误数据，给送检一方造成损失的；

（3）违反计量检定规程进行计量检定的；

（4）使用未经考核合格的计量标准开展检定的；

（5）未经考核合格执行计量检定的。

注册计量师出具错误数据，给送检一方造成损失的，由其所在的技术机构赔偿损失；情节轻微的，给予注册计量师行政处分；构成犯罪的，依法追究其刑事责任。

第二节　计量考评员监督管理

一、概述

计量考评员是计量标准考评员和法定计量检定机构考评员的泛称。计量标准考评员是指经所在单位推荐，由省级以上人民政府市场监管部门考核合格，受市场监管部门委派承担计量标准考评任务的技术专家。计量标准考评员分为两级，即计量标准一级考评员和计量标准二级考评员。法定计量检定机构考评员是指经省级以上人民政府市场监管部门培训、考核合格并注册，持有考评员证件，从事法定计量检定机构考核的人员。法定计量检定机构考评员分为两级，即法定计量检定机构国家级考评员和省级法定计量检定机构考评员。

随着计量治理体系和治理能力现代化建设的不断深入，计量监督管理的重点正逐步从管器具向管数据、管行为、管结果的全链条计量监督管理体制转变，对计量考评员的监督管理也是重要的一环。计量考评员的考评（考核）结论是行政许可审批环节的主要依据，考评（考核）工作质量直接影响着行政许可决定的准确性。加强计量考评员监督管理，规范计量考评员行为，保障考评（考核）工作质量，是各级人民政府市场监管部门的重要职责之一。具体职责是：

（1）加强计量考评员队伍建设，组织开展计量标准考评员和法定计量检定机构考评员的培训、考核、发证等工作。

（2）监督管理计量考评员的聘用；建立计量考评员技术专家数据库，制定合理的准入、退出机制及动态调整制度。

（3）监督管理计量考评员的选派工作。

（4）监督管理计量考评员的考评（考核）行为。

二、计量考评员应具备的条件

计量考评（考核）工作质量取决于计量考评员的职业道德和技术能力。《计量标准考评员管理规定》（市监计量发〔2021〕22号）《法定计量检定机构考评员管理规范》（质技监局量发〔2000〕143号）对计量标准考评员和法定计量检定机构考评员应具备的条件进行了明确的规定。

（一）计量标准考评员应具备的条件

1. 计量标准一级考评员应具备的条件

（1）遵纪守法，恪守职业道德。

（2）具有副高级以上专业技术职称。

（3）具有较高的计量技术水平和丰富的实践经验，从事专业计量技术工作8年以上，其中具有3年以上本项目检定或校准工作经历。

（4）熟悉计量法律、法规、规章以及计量标准考核工作要求、相关计量技术规范等。

（5）具有较强的组织管理能力和交流沟通能力。

（6）具有与计量标准考评工作要求相适应的观察、分析、判断能力，能够独立执行考评任务。

（7）市场监管总局规定的其他条件。

2. 计量标准二级考评员应具备的条件

（1）遵纪守法，恪守职业道德。

（2）具有中级以上专业技术职称或一级注册计量师资格。

（3）具有一定的计量技术水平和实践经验，从事有关专业计量技术工作5年以上，其中具有3年以上本项目检定或校准工作经历。

（4）熟悉计量法律、法规、规章以及计量标准考核工作要求、相关计量技术规范等。

（5）具有一定的组织管理能力和交流沟通能力。

（6）具有与计量标准考评工作要求相适应的观察、分析、判断能力，能够独立执行考评任务。

（7）省级以上人民政府市场监管部门规定的其他条件。

（二）法定计量检定机构考评员应具备的条件

1. 法定计量检定机构国家级考评员应具备的条件

（1）具有高级工程师以上技术职称。

（2）熟悉计量法律、法规、规章及《法定计量检定机构考核规范》。

（3）具有较强的组织管理能力、综合评价能力、文字语言表达能力和政策水平。

（4）从事有关专业计量技术或计量管理工作8年以上，有较高的计量技术水平和较丰富的实践经验。

2. 省级法定计量检定机构考评员应具备的条件

（1）具有工程师以上技术职称。

（2）熟悉计量法律、法规、规章及《法定计量检定机构考核规范》。

（3）有一定的组织管理能力、综合评价能力、文字语言表达能力和政策水平。

（4）从事有关专业计量技术或计量管理工作5年以上，有一定的计量技术水平和实践经验。

三、计量考评员应遵守的行为规范

计量考评员应遵守的行为规范主要有：

（1）遵守有关法律法规、部门规章及行政规范性文件。

（2）服从考评工作安排，接到委派任务后，如非特殊情况不得变更。

（3）严格遵守考评程序和时限等相关规定，不得随意降低或提高考评标准、改变考评流程和结论。

（4）严格保守被考评单位的商业秘密，不得将被考评单位信息资料提供给第三方以获取不正当利益或侵犯被考评单位合法权益；除按工作要求向被考评单位索取相关的佐证材料外，不得索取其他技术资料。

（5）不得以向被考评单位推销生产、检定、校准、检测设备及介绍承揽工程等方式谋取不正当利益。

（6）不得参加被考评单位任何形式的宴请、娱乐、旅游等活动；不得索取、收受被考评单位的财物；不在被考评单位报销应由计量考评员本人承担的各种费用。

（7）与被考评单位有直接隶属关系、利害关系的，应主动声明并申请回避；计量考评员及其所属单位、特定关系人与被考评单位应无任何以合同契约或兼职等方式获取报酬的利益关系。

（8）主动参加相关法律法规、计量技术规范等方面的继续教育和业务培训，提高考评能力和专业水平。

四、计量考评员资格的取得和注销

（一）计量标准考评员资格的取得和注销

1. 计量标准考评员资格的取得

市场监管总局负责计量标准一级考评员的考核工作。申请计量标准一级考评员资格，应当填写计量标准考评员申请表（格式见表6-9），经所在单位审核同意后，向市场监管总局提交申请材料，经市场监管总局组织考核合格后，由市场监管总局颁发计量标准一级考评员证。省级人民政府市场监管部门负责所辖区域内计量标准二级考评员的考核工作。申请计量标准二级考评员资格，应当填写计量标准考评员申请表，经所在单位审核同意后，向当地省级人民政府市场监管部门提交申请材料，经当地省级人民政府市场监管部门组织考核合格后，由当地省级人民政府市场监督管理部门颁发计量标准二级考评员证。

表 6-9　计量标准考评员申请表

编号：

姓名		性别		出生年月		一寸免冠照片
学历		身份证号				
技术职称			从事计量专业技术工作年限			
工作单位					联系电话	
通信地址					邮政编码	
注册计量师职业资格证书编号			申请考评员级别			
注册计量师注册证编号						

申请考评专业项目	计量专业名称	项目名称	从事本项目检定或校准的起止时间

从事所申请考评专业项目工作情况：（如参加相关计量标准研制，计量技术规范起草、编写讲义或授课以及其他科技成果等，请简要列条说明。）

从事计量标准考评有关工作简况：

续表

所在单位审查意见：   　　　所在单位负责人签字（单位公章）：   　　　　　　　　　　　　　　　　　　　　　　　年　　月　　日
计量标准考评员职责 计量标准考评员，必须遵守以下职责： 1. 遵纪守法，恪守职业道德，客观公正、科学严谨、实事求是执行计量标准考评任务。 2. 主动参加相关培训和继续教育，努力提高考评技能和专业知识水平。 3. 严格按照技术能力范围从事考评工作，遵守计量标准考评员行为规范，按时完成考评任务。 4. 按照计量标准考核规范的要求执行计量标准考核（复查）的技术考评工作。 5. 对计量标准考评的结果负责。 6. 进行计量标准考评工作不得从事有碍公正性的活动或以权谋私。
请阅读计量标准考评员职责后签署以下声明： 　　　本人承诺遵守计量法律法规、计量标准考核办法、计量技术规范和《计量标准考评员管理规定》等各项要求以及计量标准考评员职责，并保证申请表中填写的内容及所附材料情况属实。同意市场监管部门为保证文件的真实与准确性而验证本人的材料。   　　　　　　　　　　　　　声明人签字： 　　　　　　　　　　　　　　　　　　　　　　　年　　月　　日
申请人情况自查 申请人在本申请表递交前按下列要求自查，并在方框中打"√"。 □ 1. 已充分了解并签署了申请表的个人声明。 □ 2. 已附上本人的技术职称证书、检定或校准专业项目资格证件和个人身份证复印件各一份。 □ 3. 本人满足申报计量标准考评员的条件。 □ 4. 所在单位负责人已在相应的栏目中签字，并已加盖单位公章。 □ 5. 随申请表附上一寸证件照片两张（一张粘贴在本表首页，另一张用于制证）。 □ 6. 附上所申请考评的专业项目计量标准的测量不确定度评定报告一篇。

　　说明：

　　1. 本申请表需由本人签名，表格式样可复印使用。随申请表一并提交的资料不予退还，请自留备份。

　　2. 申请考评专业类别和专业项目按照计量标准考评项目分类表填写。

计量标准考评项目分类表见表6-10。

表 6-10 计量标准考评项目分类表

序号	专业名称	项目
1	长度	激光波长、量块、线纹、角度、直线度和平面度、表面粗糙度、万能量具、长度通用测量仪器、齿轮测量、螺纹测量、轴承测量、测绘仪器及检定装置、长度其他测量仪器
2	力学	质量、衡器、容量、密度、力值、扭矩、动态力、硬度、振动、冲击、转速、惯性、测速仪、流量、真空、压力、力学其他测量仪器
3	声学	水声、电声、听力、超声、声学其他测量仪器
4	温度	辐射测温仪表、热电偶、膨胀式温度计、电阻温度计、表面温度计、其他温度计及装置、温度二次仪表（不带温度传感）、温度及湿度试验设备、温度其他测量仪器
5	电磁	直流电阻及仪器、直流电压及仪器、多功能数字仪表、交流阻抗及仪器、应变仪及校准器、音频电压比率、交流电量、电能、互感器及测量仪器、高电压测量仪器、磁参量、磁性材料、电气安全测量仪表、电磁其他测量仪器
6	无线电	高频电压、高频微波功率、高频微波噪声、衰减、相位和相移、微波阻抗与网络参数、集总参数阻抗、场强与电磁兼容、天线、脉冲参数、失真度、调制度、视频参数、信号发生器、测量接收机与频谱分析仪、通信测量仪器、晶体管与集成电路测量仪器、心脑电医用检定仪、导航测量仪器、无线电其他测量仪器
7	时间频率	时间、频率、时间频率其他测量仪器
8	电离辐射	辐射剂量、放射性活度、中子、电离辐射其他测量仪器
9	化学	光化学分析、水质测量、湿度和水分测量、电化学分析、尘埃与颗粒测量、黏度测量、气体分析、色谱分析、生化分析、热化学分析、高分子材料和分子量测量、元素分析、质谱分析、化学其他测量仪器
10	光学	光度、辐射度、色度、材料光学、激光参数、光辐射探测器、光纤光学、眼科光学、成像光学、太赫兹辐射度、光学其他测量仪器
11	专用类	海洋测量仪器、气象测量仪器、机动车检测仪器、铁路测量仪器、纺织和纤维检测仪器、能效标识检测、医学测量仪器、制药仪器、其他专用类测量仪器
12	其他	其他

《计量标准考评员管理规定》规定了计量标准考评员增减考核能力的具体程序和计量标准考评员信息变化报送机制。计量标准考评员申请增加或删除专业项目的，应填写计量标准考评员专业项目调整申请表（格式见表6-11），报计量标准考评员发证单位审核。计量标准考评员应每5年向其发证单位提交计量标准考评员信息报送表（格式见表6-12），并附继续教育培训记录或验证材料。

155

表 6-11 计量标准考评员专业项目调整申请表

姓名		性别		考评员 证书编号	
工作单位				职称／职务	
专业项目 调整类型	□ 增加 □ 减少			联系电话	
申请 专业项目	专业名称	项目名称		从事本项目检定或校准的起止时间	
本人承诺所填报相关情况属实。 申请人签字： 　　　　　年　月　日					
经审核，填报信息属实，同意申请。 所在单位负责人签字（单位公章）： 　　　　　年　月　日					

表 6-12 计量标准考评员信息报送表

姓名		计量标准考评员证书号		职称	
工作单位 （具体到部、室）及职务					
通信地址			邮政编码		
电子邮箱			手机号码		
工作单位负责人及联系电话					
工作经历简述（须证明本人有能力承担申请考核的业务，可在表后附页）： 申请人签字： 　　　年　月　日					

承担计量标准考评工作情况（简要说明）：   　　　　　　　　　　　申请人签字： 　　　　　　　　　　　　　　年　月　日
继续教育情况（说明本人接受继续教育的情况，并在表后附上相关培训记录或证明材料）：   　　　　　　　　　　　申请人签字： 　　　　　　　　　　　　　　年　月　日
所在单位推荐意见（说明所在单位支持考评员从事计量标准考评工作）： 　　　　　　　同志系我单位职工，从事计量专业技术工作　　　年，具有其所申请计量标准考评项目的专业能力和综合素质，同意推荐该同志从事计量标准考评工作。   　　　　工作单位负责人签字（单位公章）： 　　　　联系电话： 　　　　　　　　　　　　　　年　月　日

说明：填写内容必须真实、详细、客观，填表人应对填表内容的真实性负责任。

2. 计量标准考评员资格的注销

计量标准考评员有下列情形之一的，由计量标准考评员发证单位注销其考评员资格。

（1）计量标准考评员退休后，原则上不再承担计量标准考评任务，计量标准考评员证自动作废。

（2）计量标准考评员因工作或身体健康状况连续五次不能尽职的，计量标准考评员发证单位可注销计量标准考评员证。

（3）计量标准考评员每五年向发证单位提交工作单位变动情况、工作岗位变动情况和继续教育情况等信息，未能在规定的期限内提交相关信息或未按要求参加继续教育的，计量标准考评员发证单位责令限期整改，情节严重的，可注销计量标准考评员证。

（4）计量标准考评员违反计量标准考核有关规定和相应计量技术规范要求以及未在工作时限内完成考评工作的，计量标准考评员发证单位暂停计量标准考评员资格，视问题整改情况，可停止计量标准考评员资格并注销计量标准考评员证。

（5）计量标准考评员受委派承担超出被确认技术能力范围的考评工作，未如实告知委派单位的，计量标准考评员发证单位暂停计量标准考评员资格，视问题整改情况，可停止计量标准考评员资格并注销计量标准考评员证。

（6）计量标准考评员承担本人参与开发或经销计量设备项目的考评的，计量标准考评员发证单位暂停计量标准考评员资格，视问题整改情况，可停止计量标准考评员资格并注销计量标准考评员证。

（7）计量标准考评员向被考评的建标单位推销与自身利益相关的计量标准器及配套设备的，计量标准考评员发证单位暂停计量标准考评员资格，视问题整改情况，可停止计量标准考评员资格并注销计量标准考评员证。

（8）计量标准考评员与被考评的建标单位存在利害关系或其他可能影响公正考评的因素时，未进行回避的，计量标准考评员发证单位暂停计量标准考评员资格，视问题整改情况，可停止计量标准考评员资格并注销计量标准考评员证。

（9）计量标准考评员透露工作中所知悉的国家秘密、商业秘密和技术秘密的，计量标准考评员发证单位停止计量标准考评员资格并注销计量标准考评员证，通报计量标准考评员所在单位，依法依规严肃处理。

（10）出具虚假或者不实考评结论的，计量标准考评员发证单位停止计量标准考评员资格并注销计量标准考评员证，通报计量标准考评员所在单位，依法依规严肃处理。

（11）违反中央八项规定精神以及廉政纪律要求的，计量标准考评员发证单位停止计量标准考评员资格并注销计量标准考评员证，通报计量标准考评员所在单位，依法依规严肃处理。

（二）法定计量检定机构考评员资格的取得和注销

1. 法定计量检定机构考评员资格的取得

市场监管总局负责受理法定计量检定机构国家级考评员的申请，并组织培训、考核、发证和注册工作；省级人民政府市场监管部门负责受理省级法定计量检定机构考评员的申请，并组织培训、考核、发证和注册工作。申请法定计量检定机构考评员资格，应填写法定计量检定机构考评员资格申请表（格式见表6-13），经所在单位审核同意后，向有关市场监管部门申请考核。其中，申请法定计量检定机构国家级考评员资格的，向市场监管总局提交申请材料，经考核合格，由市场监管总局颁发法定计量检定机构国家级考评员证，予以注册；申请省级法定计量检定机构考评员资格的，向所在地省级人民政府市场监管部门提交申请材料，经考核合格，由所在地省级人民政府市场监管部门颁发省级法定计量检定机构考评员证，予以注册，并将相关信息报市场监管总局备案。

取得法定计量检定机构考评员资格的人员，每三年由法定计量检定机构考评员发证单位注册一次，对符合要求的，可延长有效期三年。

表 6-13　法定计量检定机构考评员资格申请表

姓名		性别		学历		一寸免冠 照片
出生日期		职称		职务		
从事计量 专业年限		专业				
所在单位				电话		电子邮箱
				手机		
何年何月参加 过何种相关培 训、获得何种 证书						
何年何月从事 过何种评审 工作						
所在单位 意见	（盖章） 　　　年　月　日			上级主管 部门意见	（盖章） 　　　年　月　日	
以下由市场监管总局填写						
考试成绩		证书编号			发证日期	

2. 法定计量检定机构考评员资格的注销

法定计量检定机构考评员有下列情形之一的，由法定计量检定机构考评员发证单位注销其考评员资格。

（1）对因工作或身体状况不能尽职的法定计量检定机构考评员，注销其考评员资格，并收回考评员证。

（2）对考核工作不负责任，不认真执行考核规范的，取消其考评员资格，并注销考评员证。

（3）在考核工作中违反廉政建设规定的，取消其考评员资格，并注销考评员证。

（4）所在单位要求取消其考评员资格的，取消其考评员资格，并注销考评员证。

五、计量考评员的选派

1. 计量标准考评员的选派

主持考核的人民政府市场监管部门受理计量标准的考核申请后，应当及时确定组织考核的人民政府市场监管部门，由组织考核的人民政府市场监管部门负责计量标准考评员的选派。主持考核和组织考核是截然不同的两个概念，主持考核的人民政府市场监管部门是指受理计量标准考核申请、进行行政许可审批的人民政府市场监管部门；组织考核的人民政府市场监管部门是指组织和实施计量标准考评的人民政府市场监管部门，两者可以是同一部门，也可以不是。根据《计量标准考评员管理规定》《计量标准考核办法》和 JJF 1033—2023《计量标准考核规范》的有关要求，确定组织考核的人民政府市场监管部门及选派计量考评员的规则是：

（1）主持考核的人民政府市场监管部门具备考核能力的（即：所辖区域内的计量技术机构具有与被考核的计量标准相同或更高等级的计量标准，并有该项目的计量标准考评员），按照经济合理，就地就近原则，优先选派所辖区域内计量标准一级或二级考评员执行计量标准考评任务。主持考核的人民政府市场监管部门不完全具备考核能力的（即：所辖区域内的计量技术机构具有与被考核的计量标准相同或更高等级的计量标准，但没有该项目的计量标准考评员），可以聘请有关技术专家和相近专业项目的计量标准考评员组成考评组执行考评任务，也可以经所在地省级人民政府市场监管部门与计量标准考评员所在地省级人民政府市场监管部门协商一致后，跨区域选派计量标准考评员执行计量标准考评任务。上述两种情况，主持考核的人民政府市场监管部门同时也是组织考核的人民政府市场监管部门。

（2）主持考核的人民政府市场监管部门不具备考核能力的（即：所辖区域内的计量技术机构不具有与被考核的计量标准相同或更高等级的计量标准），该项目应当报上一级人民政府市场监管部门组织考核。这时，组织考核的部门是上一级人民政府市场监管部门。上一级人民政府市场监管部门也不具备考核能力的，应当逐级上报。

（3）组织考核的人民政府市场监管部门可委托本辖区内具有相应能力的考评单位承担计量标准考评任务；也可根据计量标准考核内容，直接确定考评员专业和数量，组成考评组承担计量标准考评任务。考评单位一般是指组织考核的人民政府市场监管部门直属的法定计量检定机构。考评单位只能聘请本单位的计量标准考评员承担考评工作。

（4）计量标准考评实行考评员负责制，每项计量标准一般由 1 至 2 名考评员执行考评任务。组织考核的人民政府市场监管部门选派计量标准考评员时，如果现场考评的计量标准考评员为 2 名或 2 名以上时，组织考核的人民政府市场监管部门或考评单位应当组成考评组，并指派一名计量标准考评员担任考评组长。

（5）市场监管总局建立全国计量标准考评员数据库，推动计量标准考评员信息"一点存档、多地使用"，放开计量标准考评员使用地域限制，鼓励计量标准考评员资源共享和互认共用。

2. 法定计量检定机构考评员的选派

人民政府市场监管部门受理法定计量检定机构考核申请后，经过文件审核，对基本具备现场考核条件的申请机构，应组织成立考核组，任命考核组组长，并安排现场考核。法定计量检定机构考评工作实行考核组长负责制。考核组组长应具备较强的组织能力，并具有的丰富考核工作经验，负责组织实施现场考核，对考核报告的准确性和完整性负责。考核组的组成要根据被考核机构的规模大小、专业项目多少来决定，最少不低于 2 人，一般不超过 7 人。申请型式评价项目考核的，每个项目应至少配备 1 名具备该项目专业知识的专家或法定计量检定机构考评员。考核组成员应是具有法定计量检定机构考评员资格的人员，因考核工作需要聘请的技术专家除外。国家公务员不得参与现场考核工作，但可以以观察员的身份到考核现场观察考核活动。

考核组成立后，由组织考核的人民政府市场监管部门以文件的形式将考核组名单、组长人选、现场考核日期正式通知申请机构，并就考核组成员和现场考核日期征求申请机构意见。被考核机构可以就上述两个问题向组织考核的人民政府市场监管部门表示同意或提出要求改变的意见并说明理由。如果经双方协商对考核组成员或时间安排有所改变的话，将由组织考核的人民政府市场监管部门按最后确认的意见重新发一份文件给申请机构。

六、计量考评行为的监督检查

县级以上地方人民政府市场监管部门对计量考评行为的监督检查主要包括：

（1）省级人民政府市场监管部门对所辖区域内计量考评员的考评工作实施的监督检查。

（2）委派计量考评员的人民政府市场监管部门对其委派的计量考评员的考评工作实施的监督检查。

1. 监督检查对象

持有计量标准考评员或法定计量检定机构考评员证件，受县级以上地方人民政府计量行政部门委派承担计量考评任务的技术专家。

2. 监督检查内容

（1）监督检查组织考核的人民政府市场监管部门选派计量考评员情况。

（2）监督检查计量考评员资格核准情况。

（3）监督检查计量考评员计量考评工作质量。

（4）监督检查计量考评员是否存在违法违规行为。

3. 监督检查方式

（1）检查计量考评员选派流程记录。

（2）派遣观察员观察考评（考核）活动。

（3）对考评（考核）结论存在较大分歧或被考核单位对考评（考核）结论提出质疑的，可对考评工作开展专项监督检查。

（4）检查行政许可档案记录。

（5）回访被考核单位。

（6）开展问卷调查。

（7）对投诉进行调查处理。

第七章

商品量计量监督管理

商品量是指使用计量器具对商品进行计量所得出的商品的重量、个数、长度、面积、容积、体积等的量值。根据《计量法》等法律法规，国务院计量行政部门出台了《商品量计量违法行为处罚规定》《零售商品称重计量监督管理办法》《定量包装商品计量监督管理办法》等部门规章和JJF 1070《定量包装商品净含量计量检验规则》、JJF 1244《食品和化妆品包装计量检验规则》、JJF 1647《零售商品称重计量检验规则》等国家计量技术规范，各级人民政府计量行政部门全面承担起了商品量的计量监督管理职责，我国商品量计量监督管理体系已基本形成。2018年，市场监管总局全面实施了定量包装商品生产企业计量保证能力自我声明制度，进一步丰富了我国对商品量和定量包装商品生产企业的管理模式。随着经济社会发展和人民群众生活水平的提高，商品量计量监督管理已成为市场监管部门民生计量工作的重要内容，其主要内容有：零售商品称重计量监督管理、定量包装商品计量监督管理、其他商品的计量监督管理。

第一节　零售商品称重计量监督管理

《零售商品称重计量监督管理办法》所称零售商品，是指以重量结算的食品、金银饰品。《零售商品称重计量监督管理办法》对零售商品称重计量监督管理的对象、要求、核称商品的方法和法律责任等作出了明确的规定。

一、零售商品计量监督管理要求

1. 计量器具的要求

零售商品经销者销售商品时，必须使用合格的计量器具，其最大允许误差应当优于或等于所销售商品的负偏差。根据《零售商品称重计量监督管理办法》，允许的负偏差见表7-1、表7-2。例如：某消费者到超市购买散装大米1 kg，按规定其计量负偏差为20 g，那么超市售卖大米使用的电子秤最大允许误差不得超过±20 g。

表 7-1　零售食品允许的负偏差

食品品种、价格档次	称重范围 m	负偏差
粮食、蔬菜、水果或不高于6元/kg 的食品	$m \leqslant 1 \text{ kg}$	20 g
	$1 \text{ kg} < m \leqslant 2 \text{ kg}$	40 g
	$2 \text{ kg} < m \leqslant 4 \text{ kg}$	80 g
	$4 \text{ kg} < m \leqslant 25 \text{ kg}$	100 g
肉、蛋、禽*、海（水）产品*、糕点、糖果、调味品或高于6元/kg，但不高于30元/kg 的食品	$m \leqslant 2.5 \text{ kg}$	5 g
	$2.5 \text{ kg} < m \leqslant 10 \text{ kg}$	10 g
	$10 \text{ kg} < m \leqslant 15 \text{ kg}$	15 g
干菜、山（海）珍品或高于30元/kg，但不高于100元/kg 的食品	$m \leqslant 1 \text{ kg}$	2 g
	$1 \text{ kg} < m \leqslant 4 \text{ kg}$	4 g
	$4 \text{ kg} < m \leqslant 6 \text{ kg}$	6 g
高于100元/kg 的食品	$m \leqslant 500 \text{ g}$	1 g
	$500 \text{ g} < m \leqslant 2 \text{ kg}$	2 g
	$2 \text{ kg} < m \leqslant 5 \text{ kg}$	3 g
* 活禽、活鱼、水发物除外。		

表 7-2　零售金、银饰品允许的负偏差

名称	称重范围 m	负偏差
金饰品	m（每件）$\leqslant 100 \text{ g}$	0.01 g
银饰品	m（每件）$\leqslant 100 \text{ g}$	0.1 g

2. 现场称重的要求

零售商品经销者使用称重计量器具当场称量商品，必须按照称重计量器具的实际示值结算，保证商品量计量合格。

3. 核称商品的要求

零售商品经销者使用称重计量器具每次当场称重商品，在规定的称重范围内，经核称商品的实际重量值与结算重量值之差不得超过规定的负偏差。

二、核称零售商品的方法

零售商品经销者和计量监督管理人员可以按照以下几种方法核称商品。

1. 原计量器具核称法

直接核称商品，商品的核称重量值与结算（标称）重量值之差不应超过商品的负偏差，并且称重与核称重量值等量的最大允许误差优于或等于所经销商品的负偏差三分之一的砝码，砝码示值与商品核称重量值之差不应超过商品的负偏差。

例如：计量监督人员将被检验商品（假设为 500 g 大米）放到原称重计量器具（某超市电子秤），测得结算重量值 A。按规定称重 1 kg 以内的大米，计量负偏差为 20 g。计量监督人员选择用与结算重量值 A 等量的砝码放到原称重计量器具（某超市电子秤），测得核称重量值 B，要求砝码的最大允许误差要优于或等于被检验商品计量负偏差（此例为 20 g）的三分之一。因此，本例要求砝码的最大允许误差要小于 6.67 g，同时 $A-B$ 应≤20 g。

2. 高准确度称重计量器具核称法

用最大允许误差优于或等于所经销商品的负偏差三分之一的计量器具直接核称商品，商品的实际重量值与结算（标称）重量值之差不应超过商品的负偏差。

例如：计量监督人员将被检验商品（假设为 500 g 大米）放到原称重计量器具（某超市电子秤），测得结算重量值 A 为 508 g。按规定称重 1 kg 以内的大米，计量负偏差为 20 g。计量监督人员选择用高准确度电子秤直接称量被检验商品（准确度等级Ⅲ级，最大允许误差 ±5 g），测得核称重量值 B 为 499 g。本例使用的Ⅲ级电子秤满足最大允许误差优于或等于所经销商品的负偏差三分之一的要求，同时 $A-B=9$ g，9 g＜20 g，符合要求。

3. 等准确度称重计量器具核称法

用另一台最大允许误差优于或等于所经销商品的负偏差的计量器具直接核称商品，商品的核称重量值与结算（标称）重量值之差不应超过商品的负偏差的2倍。

例如：计量监督人员将被检验商品（500 g 大米）放到原称重计量器具（某超市电子秤），测得结算重量值为 A。按规定称重 1 kg 以内的大米，计量负偏差为20 g。计量监督人员用另一台最大允许误差优于或等于被检验商品计量负偏差的称重计量器具直接称量被检验商品，测得核称重量值为 B。因此，该电子秤最大允许误差要优于或等于被检验商品计量负偏差 20 g，同时 A−B 应≤40 g。

三、零售商品计量监督检查

1. 监督检查的形式和内容

监督检查采取"双随机、一公开"形式进行。

监督检查的主要内容：

（1）零售商品销售单位计量器具的配备是否符合《零售商品称重计量监督管理办法》的要求及核称商品量是否超出国家规定的负偏差，给消费者造成损失。

（2）生产、销售的定量包装商品是否规范、清晰地标注净含量。

2. 监督检查的实施

（1）建"两库"。建立辖区内零售商品销售单位的"检查对象名录库"和"检查人员名录库"，并保持动态更新。

（2）随机抽取检查对象、检查人员。按照"双随机、一公开"的要求和比例，分别在"检查对象名录库""检查人员名录库"中随机抽取。

（3）下达检查通知书。下达"零售商品计量监督检查'双随机、一公开'监督检查通知书"。

（4）检查结果的确认。检查人员按照检查记录表的内容逐项进行检查，并填写好"检查记录表"，形成检查结果。检查人员应当就检查结果与被检查单位进行确认。

四、法律责任

1. 使用不合格计量器具的

（1）零售商品经销者销售商品时，使用的计量器具属于强制检定的，未按照规定申请检定或超过检定周期而继续使用的，依据《计量违法行为处罚细则》第十一条第二款，责令其停止使用，可并处五百元以下罚款。

（2）零售商品经销者销售商品时，使用的计量器具属于强制检定的，经检定不合格而继续使用的，依据《计量违法行为处罚细则》第十一条第二款，责令其停止使用，可并处一千元以下罚款。

（3）零售商品经销者销售商品时，使用不合格的计量器具给国家或消费者造成损失的，依据《计量违法行为处罚细则》第十一条第五款，责令赔偿损失，没收计量器具和全部违法所得，可并处二千元以下罚款。

（4）零售商品经销者销售商品时，使用以欺骗消费者为目的的计量器具或者破坏计量器具准确度、伪造数据，给国家或消费者造成损失的，依据《计量违法行为处罚细则》第十一条第六款，责令赔偿损失，没收计量器具和全部违法所得，可并处二千元以下罚款；构成犯罪的，依法追究刑事责任。

2. 核称商品超偏差的

零售商品经销者销售的商品，现场核称时其实际重量值与结算重量值之差不得超过规定的负偏差。计量偏差超过《零售商品称重计量监督管理办法》有关规定的，依据《商品量计量违法行为处罚规定》第五条，责令改正，并处三万元以下罚款。

第二节　定量包装商品计量监督管理

随着经济社会发展和人民群众生活水平的提高，定量包装商品愈来愈成为人们日常生活中不可或缺的商品，定量包装商品净含量是否准确，直接关系到人民群众的切身利益，是民生计量工作的重要组成部分。《定量包装商品计量监督管理办法》对定量包装商品计量监督管理的对象、要求、方法和法律责任作出了明确规定。

一、定量包装商品的相关概念

（1）定量包装商品是指以销售为目的，在一定量限范围内具有统一的质量、体积、长度、面积、计数标注等标识内容的预包装商品。药品、危险化学品除外。

（2）预包装商品是指销售前预先用包装材料或者包装容器将商品包装好，并有预先确定的量值（或者数量）的商品。

预包装商品有两种：一种是定量的预包装商品，即定量包装商品；另一种是非定量的预包装商品，如：商店称量销售的自包装水果、蔬菜、肉制品等。

（3）净含量是指除去包装容器和其他包装材料后内装商品的量。

（4）实际含量是指市场监管部门授权的计量检定机构按照定量包装商品净含量计量检验规则等系列计量技术规范，通过计量检验确定的商品实际所包含的商品内容物的量。

（5）标注净含量是指由生产者或者销售者在定量包装商品的包装上明示的商品的净含量。

（6）允许短缺量是指单件定量包装商品的标注净含量与其实际含量之差的最大允许量值（或者数量）。

（7）检验批是指接受计量检验的，由同一生产者在相同生产条件下生产的一定数量的同种定量包装商品或者在销售者抽样地点现场存在的同种定量包装商品。

（8）同种定量包装商品是指由同一生产者生产，品种、标注净含量、包装规格及包装材料均相同的定量包装商品。

二、定量包装商品计量监督管理的要求

（一）基本要求

定量包装商品的生产者、销售者应当加强计量管理，配备与其生产定量包装

商品相适应的计量检测设备，保证生产、销售的定量包装商品符合《定量包装商品计量监督管理办法》的要求。

（二）净含量标注的要求

定量包装商品的生产者、销售者应当在其商品包装的显著位置正确、清晰地标注定量包装商品的净含量。

（1）净含量的标注由"净含量"（中文）、数字和法定计量单位（或者用中文表示的计数单位）三个部分组成。以长度、面积、计数单位标注净含量的定量包装商品，可以免于标注"净含量"三个中文字，只标注数字和法定计量单位（或者用中文表示的计数单位）。

图 7-1 是以质量单位标注净含量的某定量包量商品的净含量标注。

图 7-1 净含量标注示例

（2）定量包装商品净含量法定计量单位的选择，应符合表 7-3 的要求。

表 7-3 定量包装商品净含量法定计量单位的选择

商品的标注类别		检查要求	
		标注净含量的量限	计量单位
质量		$Q_n < 1$ 克	mg（毫克）
		1 克 $\leq Q_n < 1\,000$ 克	g（克）
		$Q_n \geq 1\,000$ 克	kg（千克）
体积（容积）	容积（液体）	$Q_n < 1\,000$ 毫升	mL（ml）（毫升）或 cL（cl）（厘升）
		$Q_n \geq 1\,000$ 毫升	L（l）（升）
	体积（固体）	$Q_n \leq 1\,000$ 立方厘米（1 立方分米）	cm³（立方厘米）或 mL（ml）（毫升）
		1 立方分米 $< Q_n < 1\,000$ 立方分米	dm³（立方分米）或 L（l）（升）
		$Q_n \geq 1\,000$ 立方分米	m³（立方米）

续表

商品的标注类别	检查要求	
	标注净含量的量限	计量单位
长度	$Q_n<1$ 毫米	μm（微米）或 mm（毫米）
	1 毫米 $\leqslant Q_n<100$ 厘米	mm（毫米）或 cm（厘米）
	$Q_n\geqslant100$ 厘米	m（米）
	注：长度标注包括所有的线性测量，如宽度、高度、厚度和直径	
面积	$Q_n<100$ 平方厘米（1 平方分米）	mm²（平方毫米）或 cm²（平方厘米）
	1 平方分米 $\leqslant Q_n<100$ 平方分米	dm²（平方分米）
	$Q_n\geqslant1$ 平方米	m²（平方米）

（3）定量包装商品净含量标注字符的最小高度应当符合表 7-4 的要求。例如：某定量包装的袋装 2 kg 面粉，其净含量标注字符的高度不得小于 6 mm。

表 7-4　定量包装商品净含量标注字符的最小高度

标注净含量 Q_n	字符的最小高度 /mm
$Q_n\leqslant50$ g $Q_n\leqslant50$ mL	2
50 g $<Q_n\leqslant200$ g 50 mL $<Q_n\leqslant200$ mL	3
200 g $<Q_n\leqslant1\ 000$ g 200 mL $<Q_n\leqslant1\ 000$ mL	4
$Q_n>1$ kg $Q_n>1$ L	6
以长度、面积、计数单位标注	2

（4）同一包装内含有多件同种定量包装商品的，应当标注单件定量包装商品的净含量和总件数，或者标注总净含量。同一包装内含有多件不同种定量包装商品的，应当标注各种不同种定量包装商品的单件净含量和各种不同种定量包装商品的件数，或者分别标注各种不同种定量包装商品的总净含量。

（三）净含量的计量要求

1. 单件定量包装商品的计量要求

单件定量包装商品的实际含量应当准确反映其标注净含量，标注净含量与实际含量之差不得大于表 7-5 规定的值。例如：一袋标注 1 kg 的大米，实际含量不得低于 985 g。

表 7-5　单件定量包装商品标注净含量的允许短缺量

质量或体积定量包装商品标注净含量 Q_n g 或 mL	允许短缺量 T^*	
	Q_n 的百分比	g 或 mL
0～50	9	—
50～100	—	4.5
100～200	4.5	—
200～300	—	9
300～500	3	—
500～1 000	—	15
1 000～10 000	1.5	—
10 000～15 000	—	150
15 000～50 000	1	—

* 　对于允许短缺量 T，当 $Q_n \leqslant 1$ kg（L）时，T 值的 0.01（mL）位上的数字修约至 0.1 g（mL）位；当 $Q_n > 1$ kg（L）时，T 值的 0.1 g（mL）位上的数字修约至 g（mL）位。

长度定量包装商品标注净含量 Q_n	允许短缺量 T m
$Q_n \leqslant 5$ m	不允许出现短缺量
$Q_n > 5$ m	$Q_n \times 2\%$
面积定量包装商品标注净含量 Q_n	允许短缺量 T
全部 Q_n	$Q_n \times 3\%$
计数定量包装商品标注净含量 Q_n	允许短缺量 T
$Q_n \leqslant 50$	不允许出现短缺量
$Q_n > 50$	$Q_n \times 1\%^{**}$

** 　以计数方式标注的商品，其净含量乘以 1%，如果允许短缺量出现小数，就把该小数进位到下一个紧邻的整数。这个数值可能大于 1%，这是可以允许的，因为商品的个数只能为整数，不能为小数。

2. 批量定量包装商品的计量要求

批量定量包装商品的平均实际含量应当大于或者等于其标注净含量。用抽样的方法评定一个检验批的定量包装商品，应当符合定量包装商品净含量计量检验规则等系列计量技术规范。

3.强制性标准的应用

强制性国家标准中对定量包装商品的净含量标注、允许短缺量以及法定计量单位的选择已有规定的，从其规定，没有规定的，按照《定量包装商品计量监督管理办法》执行。

4.对净含量变化较大商品的要求

对因水分变化等因素引起净含量变化较大的定量包装商品，生产者应当采取措施，保证在规定条件下商品净含量的准确。

市场监管部门进行计量监督检查时，应当充分考虑环境及水分变化等因素对定量包装商品净含量产生的影响。

（四）计量检验的要求

对定量包装商品实施计量监督检查进行的检验，应当由被授权的计量检定机构按照《定量包装商品净含量计量检验规则》系列计量技术规范进行。计量检验是根据抽样方案从整批定量包装商品中抽取有限数量的样品，检验实际含量，并判定该批是否合格的过程。检验定量包装商品，应当考虑储存和运输等环境条件可能引起的商品净含量的合理变化。

三、定量包装商品净含量监督抽查工作程序

定量包装商品净含量计量监督专项抽查是市场监管部门计量监督检查工作的重点项目之一。县级以上地方人民政府市场监管部门应结合本地经济社会发展和监管领域实际情况，开展定量包装商品净含量监督抽查工作，合理确定抽查的比例和频次，既要保证必要的抽查覆盖面和工作力度，又要防止检查过多和执法扰民。对投诉举报多、列入经营异常名录或有严重违法违规记录等情况的定量包装商品生产、销售企业，要加大监督抽查力度。监督抽查实施步骤如下：

（1）建"两库"。建立辖区内定量包装生产企业、销售企业的"检查对象名录库"和"检查人员名录库"，并保持动态更新。

（2）随机抽取检查对象、检查人员。分别在"检查对象名录库""检查人员名录库"中随机抽取接受监督检查的单位和监督检查人员。

（3）抽取样品。监督检查人员，也可以在检验机构技术人员（该人员不参加

本次检验工作）陪同指导下，根据定量包装商品净含量计量检验的要求，抽取检验（包括备样）所需的样品量，填写好抽样单，并送至指定的检验机构。

（4）检查结果的确认。监督检查人员按照检查记录表的内容逐项进行检查，并填写好"检查记录表"，形成检查结果。检查人员应当就检查结果与被检查单位进行确认。

（5）样品检验和确认。检验机构按照规定的检验程序和检验方法实施检验，并出具检验报告。检验报告应得到受检单位确认。受检单位对检验结果有异议的，向组织监督检查的市场监管部门提出，由组织监督检查的市场监管部门按规定组织复检，最终确定检验结果。

（6）检验结果的处理。对违反《定量包装商品计量监督管理办法》的，应依法进行查处。

四、计量保证能力评价

国家鼓励定量包装商品生产者自愿开展计量保证能力评价工作，保证计量诚信。鼓励社会团体、行业组织建立行业规范、加强行业自律，促进计量诚信。

1. 计量保证能力评价的依据

《定量包装商品生产企业计量保证能力评价规范》（质技监局量函〔2001〕106 号）。

2. 计量保证能力评价的适用对象

计量保证能力评价工作适用的对象是生产以销售为目的的定量包装商品的企业，不包括自身不直接生产定量包装商品的经销企业。例如：各类经销定量包装商品的超市、商场等不适用计量保证能力评价，但如果企业从事定量包装商品的分装，并直接用于销售，则计量保证能力评价也适用于该企业。

3. 计量保证能力评价的实施

2018 年 12 月，为深入推进"放管服"改革，进一步转变政府职能、激发市场活力，营造便利宽松的创业环境和公平竞争的营商环境，市场监管总局决定在全国全面实施定量包装商品生产企业计量保证能力企业自我声明和公示制度，将原来的"企业自愿申请＋政府核查发证＋市场监督"的管理模式改为"企业自我声明＋政府后续监管＋市场监督"的管理模式。

自愿参加计量保证能力评价的定量包装商品生产企业，按照《定量包装商品生产企业计量保证能力评价规范》（质技监局量函〔2001〕106号）要求进行自我评价，自我评价符合要求的，通过省级人民政府市场监管部门指定的计量保证能力评价公示网站进行自我声明，公开承诺其生产的定量包装商品的净含量符合《定量包装商品计量监督管理办法》的有关规定。声明后即可在生产的定量包装商品上使用全国统一的计量保证能力合格标志（也称"C"标志，是指由原质检总局统一规定式样，证明定量包装商品生产者的计量保证能力达到规定要求的标志。如图7-2所示）。定量包装商品生产者自我声明后，企业主体资格、生产的定量包装商品品种或者规格等信息发生重大变化的，应当自发生变化一个月内通过公示网站办理变更或注销。

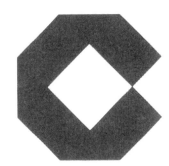

图7-2　国家计量保证能力合格标志
（C标志）

五、法律责任

1. 违反定量包装商品生产企业自我声明和公示制度要求的

依据《定量包装商品计量监督管理办法》第十六条，定量包装商品生产者按要求进行自我声明，使用计量保证能力合格标志，达不到定量包装商品生产企业计量保证能力要求的，由县级以上地方市场监督管理部门责令改正，处三万元以下罚款。定量包装商品生产者未按要求进行自我声明，使用计量保证能力合格标志的，由县级以上地方市场监督管理部门责令改正，处五万元以下罚款。

2. 违反净含量标注要求的

依据《定量包装商品计量监督管理办法》第十七条，定量包装商品生产者、销售者，未正确、清晰地标注净含量的，由县级以上地方市场监管部门责令改正；未标注净含量的，限期改正，处三万元以下罚款。

3. 违反净含量计量要求的

依据《定量包装商品计量监督管理办法》第十八条，生产、销售的定量包装商品，经检验其实际量与标注量不相符，计量偏差超过规定的，由县级以上地方市场监督管理部门责令改正，处三万元以下罚款。

4. 违反计量检验要求的

依据《定量包装商品计量监督管理办法》第十九条，从事定量包装商品计量监督检验的机构伪造检验数据的，由县级以上地方市场监管部门处十万元以下罚款；有下列行为之一的，由县级以上市场监管部门责令改正，予以警告、通报批评：

（1）违反定量包装商品净含量计量检验规则等系列计量技术规范进行计量检验的；

（2）使用未经检定、检定不合格或者超过检定周期的计量器具开展计量检验的；

（3）擅自将检验结果及有关材料对外泄露的；

（4）利用检验结果参与有偿活动的。

第三节　其他商品量计量监督管理

《商品量计量违法行为处罚规定》明确了商品量计量违法行为的法律责任。《零售商品称重计量监督管理办法》《定量包装商品计量监督管理办法》调整范围以外的其他商品量计量行为，应遵照《商品量计量违法行为处罚规定》予以监督管理。

一、其他商品量计量监督管理的范围

定量包装商品和以重量结算的食品、金银饰品之外的，在生产、销售、收购等经营活动中，需要使用计量器具进行计量得出量值的商品。例如：中药。

二、其他商品量计量监督管理的基本要求

任何单位和个人在生产、销售、收购等经营活动中，必须保证商品量的量值

准确，不得损害用户、消费者的合法权益。

三、其他商品量计量偏差的规定

（1）国家对计量偏差没有规定的商品，其实际量与贸易结算量之差，不应超过国家规定使用的计量器具的极限误差。

计量器具极限误差在相应的技术标准和计量检定规程中有明确规定。

（2）收购者收购商品其实际量与贸易结算量之差，不应超过国家规定使用的计量器具极限误差。

四、法律责任

1. 使用不合格计量器具

生产、销售、收购等经营活动中使用的计量器具应当检定合格，使用的计量器具属于强制检定的，未按照规定申请检定或超过检定周期而继续使用的，以及经检定不合格而继续使用的，依据《计量法实施细则》第四十三条，责令其停止使用，可并处 1 000 元以下罚款。

2. 销售商品量不足

销售者销售国家对计量偏差没有规定的商品，其实际量与贸易结算量之差，超过国家规定使用的计量器具极限误差的，依据《商品量计量违法行为处罚规定》第六条，责令改正，并处 20 000 元以下罚款。

3. 收购商品量超差

收购者收购商品，其实际量与贸易结算量之差，超过国家规定使用的计量器具极限误差的，依据《商品量计量违法行为处罚规定》第七条，责令改正，给被收购者造成损失的，责令赔偿损失，并处 20 000 元以下罚款。

第八章

能源计量审查与能效标识、水效标识监督检查

第一节　能源计量审查

重点用能单位能源计量审查是政府依法实施节能监督管理和科学评价企业能源利用状况的重要基础，是企业提高能源管理水平的重要技术手段。《能源计量监督管理办法》对重点用能单位的计量制度、计量人员、计量器具以及能源计量数据的管理提出了明确的要求，并提出要对重点用能单位的能源计量工作开展定期审查。JJF 1356—2012《重点用能单位能源计量审查规范》对审查内容、审查要求、审查方法及结果作了详细规定。

一、能源计量审查的相关概念

能源计量审查是指人民政府计量行政部门对重点用能单位能源计量器具配备和使用、能源计量人员配备和培训、能源计量数据管理等能源计量工作情况的审核与检查。

重点用能单位是指年综合能源消费总量 10 000 吨标准煤以上的用能单位，以及国务院有关部门或省级人民政府节能工作管理部门指定的年综合能源消费总量在 5 000 吨以上不满 10 000 吨标准煤的用能单位。

二、开展能源计量审查依据

（一）法制管理依据

1. 法律

《中华人民共和国节约能源法》第二十七条规定："用能单位应当加强能源计

量管理，按照规定配备和使用经依法检定合格的能源计量器具。用能单位应当建立能源消费统计和能源利用状况分析制度，对各类能源的消费实行分类计量和统计，并确保能源消费统计数据真实、完整。"

2. 国务院计量行政部门规章

《能源计量监督管理办法》全文（略）。

（二）标准依据

国家标准：GB 17167—2006《用能单位能源计量器具配备和管理通则》、GB/T 2589—2020《综合能耗计算通则》等。

（三）审查依据

国家计量技术规范：JJF 1356—2012《重点用能单位能源计量审查规范》。

三、能源计量审查工作流程图

能源计量审查工作流程图见图 8-1。

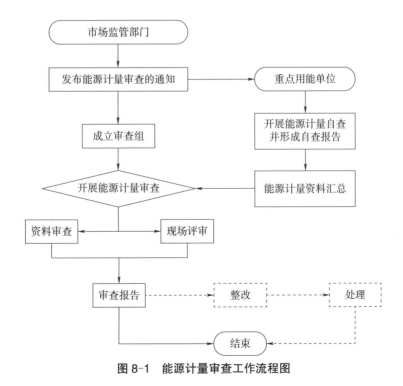

图 8-1 能源计量审查工作流程图

四、能源计量审查的内容和方法

能源计量审查的内容主要包括重点用能单位的能源计量管理制度、能源计量人员、能源计量器具、能源计量数据、自查与整改等。

1. 能源计量管理制度

审查重点用能单位的能源计量管理制度，具体审查内容、要求及方法见表 8-1。

表 8-1　能源计量管理的审查内容、要求及方法

审查内容	具体要求	审查方法
重点用能单位能源计量整体情况	重点用能单位应建立健全能源计量管理制度，明确能源计量管理职责，加强能源计量管理，确保能源计量数据真实准确	1）核查用能单位的能源计量管理制度或任命文件或其他文件，是否明确能源计量工作的分管负责人、能源计量主管部门和能源计量岗位。
组织机构	重点用能单位应明确能源计量工作的领导，确立能源计量主管部门，设置能源计量岗位，并以文件形式明确规定其职责、权限和相互隶属关系	2）依据用能单位的能源计量管理制度或任命文件或其他文件，是否明确规定了最高管理者、能源计量工作的分管负责人、能源计量主管部门和能源计量各岗位的能源计量管理职责、权限和相互隶属关系
最高管理者	1）对本单位能源计量工作负总责； 2）向单位宣贯能源计量的重要性和能源计量法律法规的要求； 3）组织制定能源计量目标； 4）确保实现能源计量目标所需资源的有效配置； 5）决定改进能源计量工作的措施	查看有关能源计量管理的活动记录，确认最高管理者： 1）是否将满足规范及其他能源计量管理的法律法规要求的重要性传达到有关部门，并已在用能单位内贯彻实施； 2）是否组织制定和审定能源计量目标； 3）能确保实现能源计量目标所需的人力资源、信息资源、计量器具、环境条件等资源或条件，已有效实施能源计量和管理
分管负责人	1）确保按规范要求，建立、实施能源计量管理制度； 2）组织对能源计量工作实施情况进行自查； 3）提出改进能源计量工作的建议	查看有关能源计量管理的活动记录，确认能源计量工作的分管负责人： 1）是否按规范及其他能源计量管理的法律法规的要求，组织制定能源计量管理制度，并已在用能单位内贯彻实施； 2）是否组织对能源计量工作开展情况进行自查； 3）是否在最高管理层提出改进能源计量工作的建议

审查内容	具体要求	审查方法
主管部门	1）组织落实本单位能源计量管理工作； 2）对本单位能源计量管理过程及效果进行分析，确保符合相关规定要求； 3）落实自查活动和改进措施	查看有关记录，核查重点用能单位能源计量主管部门是否组织、落实本单位能源计量管理工作；是否利用某种形式，如自查活动等，定期或不定期地系统分析本单位能源计量管理各主要环节及其各项活动过程，确定各环节和过程的能源计量需求，不断加以改进和提高
能源计量岗位	重点用能单位应设置能源计量管理、能源计量器具检定/校准和维护、能源计量数据采集、统计分析等岗位并明确其职责	1）检查重点用能单位的有关文件，是否根据能源计量的实际状况，设置能源计量管理、能源计量器具检定/校准和维护、能源计量数据采集、统计分析等岗位。 2）检查重点用能单位制定的各类能源计量管理人员的岗位职责是否齐全，并与用能单位能源计量工作现状相吻合
能源计量管理制度	重点用能单位应按规范要求建立健全能源计量管理制度，并保持和持续改进其有效性。管理制度应形成文件，传达至有关人员，被其理解、获取和执行	1）检查重点用能单位各类制度的具体内容和要求是否符合并覆盖规范规定的要求。 2）查看有关记录，核查重点用能单位对能源计量管理制度是否传达至有关人员，并被其理解、获取和执行。必要时可采用座谈会的形式来证实有关人员对相关制度的理解、获取和执行状况
	能源计量管理制度至少应包括下列内容： 1）能源计量管理职责； 2）能源计量器具配备、使用和维护管理制度； 3）能源计量器具周期检定/校准管理制度； 4）能源计量人员配备、培训和考核管理制度； 5）能源计量数据采集、处理、统计分析和应用制度； 6）能源计量工作自查和改进制度	1）检查用能单位有关能源计量管理制度是否包括以下几方面的内容：①能源计量管理职责；②能源计量器具配备、使用和维护管理制度；③能源计量器具周期检定/校准管理制度；④能源计量人员配备、培训和考核管理制度；⑤能源计量数据采集、处理、统计分析和应用制度；⑥能源计量工作自查和改进制度等。 2）检查各类制度的具体内容和要求是否符合用能单位现实状况，并具有可操作性

审查内容	具体要求	审查方法
能源计量目标	重点用能单位应根据计量法律法规、强制性规范文件要求和本单位节能目标，确定能源计量目标并形成文件。能源计量目标应是可测量的，与能源方针、节能目标等保持一致	1）依据有关法律、法规、能源政策及有关标准，检查重点用能单位的管理文件，核查重点用能单位是否制定了能源计量管理目标。 2）核查制定的能源计量管理目标是否全面、确切。 3）核查制定的能源计量管理目标是否可测量。 4）通过检查有关能源计量目标的贯彻、实施、考核等文件和记录，确认能源计量目标在重点用能单位内部是否得到了沟通和理解，并能贯彻执行
	能源计量目标由最高管理者授权发布，至少应包括下列内容： 1）确保能源计量器具配备、周期检定/校准、使用等符合相关要求； 2）确保能源计量人员配备、培训等符合相关要求； 3）确保能源分类、分级、分项计量； 4）确保能源计量数据完整、真实、准确和有效应用	1）检查重点用能单位有关能源计量管理文件，确认能源计量目标是否由最高管理者授权发布。 2）检查制定的能源计量目标，确认其内容： ①能否确保能源计量器具的配备、周期检定/校准、使用等符合相关要求； ②能否确保能源计量人员的配备、培训等符合相关要求； ③能否确保能源分类、分级、分项计量； ④能否确保能源计量数据完整、真实、准确和有效应用
	重点用能单位应制定能源计量目标的测量方法并定期对目标实施情况进行评价	1）检查重点用能单位有关能源计量管理文件，核查是否对每一项能源计量目标制定了具体的测量和评价方法。 2）检查重点用能单位有关能源计量管理记录，核查是否按制定的测量和评价方法定期对目标实施情况进行了评价

注：表中的"规范"指 JJF 1356—2012《重点用能单位能源计量审查规范》。

2. 能源计量人员

审查重点用能单位的能源计量人员管理，具体审查内容、要求及方法见表 8-2。

表 8-2　能源计量人员的审查内容、要求及方法

审查内容	具体要求	审查方法
能源计量人员配备	重点用能单位应根据工作需要配备足够的专业人员从事能源计量管理工作，保证能源计量职责和管理制度落实到位	根据重点用能单位的生产规模和能源计量岗位设置的要求，核查重点用能单位的能源计量人员的配置情况，不管是专职人员还是兼职人员，是否满足了能源计量工作的需求
	重点用能单位应设专人负责能源计量器具配备、使用、检定/校准、维护、报废等管理工作，依法实施能源计量器具的检定/校准，确保计量器具量值的正确可靠；满足能源计量分类、分级、分项考核的要求	1）核查重点用能单位能源计量人员的配置情况，确认是否有专人负责用能单位的能源计量器具的配备、使用、检定/校准、维护、报废等管理工作，并满足能源计量分类、分级、分项考核的要求。 2）核查其次级用能单位的能源计量人员的配置情况，确认是否有专人负责主要次级用能单位和主要用能设备能源计量器具的管理。 3）对能源计量器具自行检定/校准的，检查其检定/校准人员是否按计量技术规范的规定实施检定/校准
	重点用能单位应设专人负责能源计量数据采集、统计、分析，保证能源计量数据完整、真实、准确	1）核查重点用能单位的能源计量人员的配置情况，确认是否有专人负责能源计量数据采集、统计、分析等工作。 2）抽样调查能源计量数据采集、统计、分析人员的能源计量工作记录，核查能源计量数据是否完整、真实、准确
人员培训和资质	重点用能单位从事能源计量管理、能源计量器具维护、能源计量数据采集、能源计量数据统计分析等人员，应掌握从事岗位所需的专业技术和业务知识，具备能源计量技术和业务能力，定期接受培训，并按有关规定持证上岗	检查重点用能单位的能源计量人员的技术档案，核查： 1）能源计量管理人员是否通过相关部门的培训考核； 2）能源计量器具的维护人员，是否经过培训，具有相应的能力； 3）能源计量的自查人员，是否通过包括 JJF 1356—2012 在内的培训考核； 4）能源计量采集、数据统计分析等人员，是否通过含有关知识的培训，掌握其岗位所需的专业技术和业务知识； 5）政府行政部门对上述人员有岗位资质要求的，是否按规定持证上岗
	重点用能单位从事计量检定/校准等人员应通过相关培训考核，取得相应资质	对于用能单位的能源计量器具进行自主检定/校准的，检查其从事能源计量器具检定/校准的人员是否按规定持证上岗
	重点用能单位应建立能源计量工作人员技术档案，保存其能力、教育、专业资格、培训、技能和经验等记录	检查重点用能单位的能源管理人员的技术档案是否齐全

3. 能源计量器具

审查重点用能单位的能源计量器具，具体审查内容、要求及方法见表 8-3。

表 8-3　能源计量器具的审查内容、要求及方法

审查内容	具体要求	审查方法
能源计量器具配备原则	重点用能单位能源计量器具配备应满足能源分类、分级、分项计量要求。 注： 1. 能源分类计量是指按用能单位购入或储存或使用的各种一次能源、二次能源和载能工质等能源种类，进行分门别类单独计量。 2. 能源分级考核是指按用能单位、次级用能单位、主要用能设备等单元进行分级计量，分别实施能源消耗考核。 3. 能源分项考核是指按用能单位能源分配使用过程的购入储存、加工转换、生产消耗、生活消耗、自用与外销等各个环节进行分项计量，分别实施能源消耗考核	1）查看有关能源计量管理文件，确认重点用能单位是否规定了能源计量器具的配备原则，该原则是否包含了能源分类、分级、分项计量的要求。 2）查看有关用能单位的能源计量器具配备规划、能源计量器具配备台账或一览表等资料，核查重点用能单位能源计量器具配备是否贯彻实施了分类、分级、分项计量的配备原则
	重点用能单位应配备必要的便携式能源计量器具，以满足自检自查要求	1）查看有关计量器具配置台账，核查重点用能单位对面广量大的耗能种类，有无配备必要的便携式计量器具。 2）依据便携式计量器具的计量性能，确定其是否可以自检自查
能源计量器具配备要求	重点用能单位能源计量器具配备应符合 GB 17167—2006《用能单位能源计量器具配备和管理通则》要求。具体要求见 JJF 1356—2012 的附录 A	1）查看有关能源计量器具配备、使用情况统计表，核查重点用能单位能源计量器具配备率的计算是否符合 GB 17167—2006 的 4.3.1 的规定。 注：能源计量器具配备率按下式计算： $$R_p = N_s / N_l \times 100\%$$ 式中： R_p——能源计量器具配备率，%； N_s——能源计量器具实际的安装配备数量； N_l——能源计量器具理论需要量。

续表

审查内容	具体要求	审查方法
能源计量器具配备要求	重点用能单位能源计量器具配备应符合 GB 17167—2006《用能单位能源计量器具配备和管理通则》要求。具体要求见 JJF 1356—2012 的附录 A	2）依据进出用能单位、进出主要次级用能单位和主要用能设备能源计量器具一览表分表，按"能源计量器具配备审查记录表"的要求，现场核对进出用能单位、进出主要次级用能单位和主要用能设备能源计量器具的配备状况。 3）按能源计量器具配备率计算公式，计算出各种能源进出用能单位、进出主要次级用能单位和主要用能设备的能源计量器具的配备率。 4）检查能源计量器具的有效期内的检定或校准证书给出的准确度等级，确认能源计量器具一览表中的计量器具准确度等级与证书给出的准确度等级是否一致。当未给出准确度等级，应采用技术手段进行判定。 5）核查能源计量器具的配备率和准确度等级是否符合 GB 17167—2006 的规定。 6）现场核查能源进出用能单位、进出主要次级用能单位的能源消耗及回收利用余能现状，判断有无配备相应的能源计量器具，配备率和准确度等级是否符合 GB 17167—2006 的规定。 7）对从事能源加工、转换、输运性质的重点用能单位，核查重点用能单位所配备的能源计量器具是否满足评价其能源加工、转换、输运效率的要求。 8）对从事能源生产的重点用能单位，核查重点用能单位所配备的能源计量器具是否满足评价其单位产品能源自耗率的要求。 9）对能源作为生产原料使用的，检查相关生产工艺要求，依据生产工艺规范，核查其配置的计量器具的准确度等级是否满足相应的生产工艺要求
	有关国家标准对特殊行业的能源计量器具配备有特定要求的，应执行其规定	1）当有关国家标准对特殊行业的能源计量器具配备有特定要求的，重点用能单位应提供现行有效的标准。 2）按重点用能单位提供的现行有效的标准，核查能源计量器具配备率和计量器具准确度等级等是否符合标准要求

续表

审查内容	具体要求	审查方法
能源计量器具理论需要量确认	重点用能单位应按照一次能源、二次能源和载能工质等能源的种类，确定能源流向和计量采集点，形成能源流向图和能源计量采集点网络图	1）核查重点用能单位用能的种类（如煤炭、原油、电能等），及用能的性质（如直接用于产品生产、从事能源加工转换、从事能源生产等），据此作为评价的材料。 2）检查重点用能单位是否编制了能源流向图和能源计量采集点网络图，并符合能源分类、分级、分项计量的要求
	设置的能源计量采集点应覆盖重点用能单位能源分类、分级、分项计量的需求	1）核查重点用能单位用能的种类（如煤炭、原油、电能等），及用能的性质（如直接用于产品生产、从事能源加工转换、从事能源生产等），据此作为评价的材料。 2）检查重点用能单位编制的能源流向图和能源计量采集点网络图，核查是否覆盖能源分类、分级、分项计量的范围
	重点用能单位应根据能源计量采集点确认需配备的能源计量器具种类、数量、准确度等级，重点用能单位能源计量管理用表/图的格式要求形成文件	检查重点用能单位编制的重点用能单位能源计量管理用表（图）是否齐全、正确，并与能源计量采集点网络图相一致
	重点用能单位应定期对能源流向图、能源计量采集点和能源计量器具需要量进行评审，以符合实际状况	1）检查重点用能单位是否定期对能源流向图、能源计量采集点和能源计量器具需要量进行了评审。 2）依据能源计量采集点网络图，抽样检查能源计量采集点，核查是否符合实际状况
能源计量器具管理	重点用能单位应对能源计量器具配备、申购、验收、保管、使用、检定/校准、维护和报废处理等环节形成制度并实施有效管理，确保能源计量器具配备满足能源计量数据采集需要和在用能源计量器具的量值准确可靠	1）核查重点用能单位的能源计量器具管理制度，确认是否覆盖能源计量器具的申购、验收、保管、使用、检定/校准、维护、报废处理等环节的要求。 2）查看有关记录，确认重点用能单位是否按制度的规定，对能源计量器具的申购、验收、保管、使用、检定/校准、维护、报废处理等环节进行控制，以防能源计量器具的误用、错用、损坏和改变其计量性能，确保在用能源计量器具的量值准确可靠

审查内容	具体要求	审查方法
能源计量器具管理	重点用能单位应建立能源计量器具台账或完整的能源计量器具一览表。台账或一览表中应列出计量器具名称、型号规格、准确度等级、测量范围、生产厂家、出厂编号、用能单位管理编号、安装使用地点、检定周期/校准间隔、检定/校准状态。 主要次级用能单位和主要用能设备应有独立的能源计量器具台账或一览表分表	1）核查重点用能单位的能源计量管理文件，是否具有完整的能源计量器具台账或一览表、主要次级用能单位和主要用能设备的能源计量器具台账或一览表分表。 2）核查重点用能单位的能源计量器具台账或一览表、主要次级用能单位和主要用能设备的能源计量器具台账或一览表分表，列入的能源计量器具种类是否齐全
	重点用能单位应建立完整的能源计量器具档案，内容包括： 1）计量器具使用说明书（可能时或需要时）； 2）计量器具出厂合格证书； 3）计量器具最近两个连续周期的检定/校准证书； 4）计量器具维护保养记录； 5）计量器具其他相关信息	抽查重点用能单位的能源计量器具档案，是否齐全、完整
	在用能源计量器具应在明显位置粘贴与能源计量器具台账或一览表编号对应的标识，并有检定/校准状态标识，以备查验和管理	1）依据能源计量器具一览表，现场核查重点用能单位能源计量器具有无与能源计量器具一览表编号对应的标识和计量确认状态标识。 2）必要时应核查重点用能单位对能源计量器具检定/校准状态标识的正确性
能源计量器具检定/校准	重点用能单位应制定能源计量器具量值传递或溯源图；其中作为内部计量标准器具使用的，应确定其准确度等级、测量范围、可溯源的上级传递标准	1）核查重点用能单位的能源计量管理文件，是否具有完整的能源计量器具量值传递或溯源图。 2）检查能源计量器具的检定证书和校准证书，是否溯源到国家基准或社会公用计量标准。 3）当某些标准目前尚不能严格溯源到国家计量基准或社会公用计量标准的，检查其是否通过建立对相应计量标准或测量设备的溯源来提供测量的可信度。例如： ——使用有资格的供应者提供的有证标准物质来给出材料可靠的物理或化学特性； ——使用规定的方法和（或）被有关各方接受并且描述清晰的协议标准等

审查内容	具体要求	审查方法
能源计量器具检定 / 校准	重点用能单位自行检定 / 校准能源计量器具应建立本单位最高计量标准，并经考核合格	当重点用能单位的能源计量器具自行检定 / 校准的，检查其是否建立本单位最高计量标准，并经考核合格
	重点用能单位应制订能源计量器具周期检定 / 校准计划，实行定期检定 / 校准。其检定周期、检定方式应遵守有关计量法律法规的规定。 1）本单位最高计量标准器具以及属于强制检定范围的工作计量器具应向人民政府计量行政部门登记备案，并向其指定的技术机构申请强制检定。 2）属于非强制检定的计量器具，应由具备开展计量检定 / 校准资格的计量技术机构或用能单位内部建立计量标准的部门实施检定 / 校准。 3）对无法拆卸的、无检定规程或校准规范的非强制检定计量器具，应采取可行、有效的措施（如自校、比对、定期更换等）确保其量值准确可靠。 4）属于用能单位自行确定检定 / 校准的计量器具，开展检定 / 校准应有现行有效的控制文件（如计量器具检定 / 校准间隔的管理程序和校准规范等）作为依据	1）核查重点用能单位是否制订能源计量器具周期检定 / 校准计划。 2）依据有关计量法律法规的规定，核查重点用能单位编制的能源计量器具周期检定 / 校准计划是否符合计量法律法规的规定。 3）属于非强制检定的计量器具，核查提供计量检定 / 校准的计量技术机构的资格证明或用能单位内部建立计量标准的情况。 4）无法拆卸的、无检定规程或校准规范的非强制检定计量器具，是否采取可行的、有效的措施（如自校、比对、定期更换等），检查有关自校、比对等记录，确认能否确保其量值的准确性和可靠性。 5）属于自行检定 / 校准且自行确定检定 / 校准间隔的，检查其是否具有现行有效的控制文件（如计量器具检定 / 校准间隔的管理程序和校准规范）作为依据。当重点用能单位自行制定自校规范的，核查其内容是否齐全，是否经过专家技术审查，并对其预期用途经过验证
能源计量器具使用	在用能源计量器具应处于有效的检定 / 校准状态，不满足要求的不得使用	1）检查重点用能单位能源计量器具的周期检定 / 校准等情况，确认能源计量器具在使用中是否处于有效的检定或校准状态。 2）现场抽查重点用能单位能源计量器具的使用是否符合要求
	能源计量器具使用和维护应指定专人负责，能源计量器具有效的使用说明书（包括制造商提供的有关手册）、检定 / 校准证书等资料应保存完好并便于取用	核查能源计量器具的使用和维护人员的配置情况，是否有专职人员负责能源计量器具的使用和维护。 使用和维护人员有无能源计量器具有效的使用说明书（包括制造商提供的有关手册）以及检定 / 校准证书等资料

续表

审查内容	具体要求	审查方法
能源计量器具使用	能源计量器具应在受控或已知满足需要的环境中使用，确保测量结果准确有效	1）核查重点用能单位对能源计量器具的受控方法有无文件规定。 2）依据文件规定，现场核查重点用能单位能源计量器具是否在受控的或已知满足需要的环境中使用
	对影响能源计量器具计量性能的调整装置及软件，在使用中不得改动其铅封、封印及其他保护装置	1）核查重点用能单位有无文件规定对影响能源计量器具计量性能的调整装置及软件，在使用中不得改动其铅封、封印及其他保护装置。 2）现场抽查具有调整装置及软件的能源计量器具，其铅封、封印及其他保护装置有无改动
	在用能源计量器具被怀疑或出现损坏、过载、可能使其预期用途无效的故障、产生不正确的测量结果、超过检定周期/校准间隔、误操作、铅封/封印或保护装置损坏破裂等情况时，应停止使用、隔离存放，加贴明显的标签或标志，排除不符合原因，经再次检定/校准符合要求后才能重新投入使用。 可能时，应保存不符合要求的能源计量器具在调整或修理前后的检定/校准原始记录，如果检定/校准结果表明该器具在以往数据采集中出现明显的误差风险，应采取必要的措施	1）查看有关能源计量器具档案或使用记录，核查如果能源计量器具有被怀疑或出现损坏、过载、可能使其预期用途无效的故障、产生不正确的测量结果、超过检定周期/校准间隔、误操作、铅封/封印或保护装置损坏破裂等情况，不符合要求的计量器具是否停止使用。 2）现场查看是否予以隔离以防误用，或加贴明显的停用标签或标记，直至修复且经过检定、校准或测试表明能正常工作后才能重新投入使用。 3）查看有关能源计量器具档案或使用记录，对不符合要求的能源计量器具进行调整或修理的，核查其是否保存能源计量器具调整或修理前后的检定/校准原始记录。 4）如果能源计量器具在调整或修理前，其检定（校准）结果表明，该器具在以往的数据采集中出现了明显的误差风险，核查是否采取了必要的纠正或预防措施

4. 能源计量数据

审查重点用能单位的能源计量数据，具体审查内容、要求及方法见表 8-4。

表 8-4　能源计量数据的审查内容、要求及方法

审查内容	具体要求	审查方法
能源计量数据采集	能源计量数据采集原则： 能源计量数据采集应与能源计量器具实际测量结果相符，不得伪造或者篡改能源计量数据。 重点用能单位应按能源分类、分级、分项计量要求设置能源计量采集点，对各种一次能源、二次能源和载能工质等定期进行计量数据采集和记录，记录应完整、真实、准确、可靠，并按规定的期限予以保存，以满足能源计量管理的要求	1）核查重点用能单位建立的能源计量数据管理制度或管理程序是否完善，能否保证能源计量数据与实际计量测量结果相符。 2）现场抽查能源统计报表和计量数据采集原始记录，核查是否存在伪造或者篡改能源计量数据的问题。 3）查看有关能源消耗统计报表、能源流向等资料，核查重点用能单位用能的种类（如煤炭、原油、电能等）；用能的性质（如直接用于产品生产、从事能源加工转换、从事能源生产等）；用能结构，确定能源进出用能单位、能源进出主要次级用能单位、主要用能设备的构成情况，据此作为评价的对象。 4）查看有关能源消耗统计报表，根据重点用能单位的用能种类，核查重点用能单位是否对各种能源分门别类定期进行能源计量数据采集和记录。 5）查看有关能源消耗统计报表，依据用能情况和数据的来源，核查重点用能单位能源计量的范围是否符合要求。 6）查看有关能源计量数据采集记录，核查其是否完整、真实、准确、可靠，并按规定的期限予以保存
	能源计量数据采集要求： 1）采集时间相对稳定，以消除因采集时差带来统计数据的不可比性。 2）满足计算和统计单位产品能源消耗量及工序能耗量、制定和考核各级能耗定额、计算节能技改的节能量等需要。 3）满足政府节能管理的需求	抽查能源计量数据采集记录，核查其是否符合以下要求： 1）能源计量数据采集的时间相对稳定，可以消除因采集时差带来统计数据的不可比性。 2）能源计量数据采集满足用能单位计算和统计单位产品能源消耗量及工序能耗量、制定和考核各级能耗定额、计算节能技改的节能量等需要。 3）能源计量数据采集满足政府节能管理的要求

续表

审查内容	具体要求	审查方法
能源计量数据采集	能源计量数据采集方式： 1）人工采集。使用规范的数据采集记录（抄表记录）格式，有数据采集人员和复核人员签字。 2）自动采集。利用计算机技术实现能源计量数据的网络化管理，及时采集能源计量数据并备份归档。 3）第三方公正计量。委托具备法定资质的社会公正计量行（站）对大宗能源的贸易交接、能源消耗状况提供公正计量数据	根据重点用能单位能源计量数据的采集方式，分别抽查其采集的各种方式，查看能源计量数据采集记录，确认是否符合以下要求： 1）人工采集。使用规范的数据采集记录（抄表记录）表式，有数据采集人员和复核人员签字。 2）自动采集。利用计算机技术实现能源计量数据的网络化管理，及时采集能源计量数据并备份归档。 3）第三方公正计量。委托具备法定资质的社会公正计量行（站）对大宗能源的贸易交接、能源消耗状况提供公正计量数据
	能源计量采集应按照标准、规范或程序并在受控条件下进行，受控条件包括： 1）使用合格的能源计量器具； 2）应用经确认有效的采集标准、规范、程序和记录表式； 3）具备所要求的环境条件； 4）使用具有资格能力的人员； 5）合适的结果报告方式	1）核查重点用能单位对能源计量采集的受控条件，是否具有标准、操作规范或程序等文件规定。 2）依据能源计量标准、规范或程序，现场核查重点用能单位是否按操作规范或程序的规定，在受控的条件下实施能源量的计量和数据采集
	能源计量采集记录要求： 采集者应实时记录能源计量采集结果，记录内容包括： 1）使用的能源计量器具、采集依据、环境条件等相关信息； 2）能源计量采集原始数据； 3）数据计算方法及结果； 4）采集、复核人员签字，必要时应有审核人员签字； 5）采集日期	查看各种能源的能源计量原始记录和数据采集原始记录，核查其记录的正确性、规范性和有效性
能源计量数据处理	能源计量原始数据不得随意更改，并保证数据完整、真实、准确、可靠	依据能源统计报表，跟踪抽查能源计量原始记录和数据采集记录，确认统计报表数据是否都来自能源计量器具的计量结果；核查原始记录和数据采集记录是否存在更改现象，如有更改，是否采用划改，并有更改人签字或盖章

续表

审查内容	具体要求	审查方法
能源计量数据处理	当能源计量器具损坏或安装、拆卸期间造成能源计量数据不准或无法统计时，应制定相应的方案进行评估。评估方案包括评估方法、程序、结论、数据可靠性论证、评估人员和批准人员、日期等内容	1）对于因能源计量器具损坏或安装、拆卸期间造成能源计量数据不准或无法统计的，是否制定了相应的评估方案。 2）抽查评估记录，确认重点用能单位在能源计量器具损坏或安装、拆卸期间的能源计量数据的可靠性
	经处理后的能源计量数据应由授权人员进行审核确认	抽查重点用能单位的能源统计报表和能源计量数据记录，经处理后的数据是否由授权人员进行审核确认。必要时可核查其数据处理的正确性
能源计量数据应用	重点用能单位应将能源计量数据作为统计调查、统计分析的基础，能源统计报表数据应能追溯至计量采集记录	1）核查重点用能单位是否按统计法律法规的规定建立能源统计报表制度或管理程序，以保证能源统计报表数据能追溯至计量采集记录。 2）现场抽查能源统计报表和计量采集记录，核查统计报表数据是否可以追溯至计量采集记录中的原始数据。 3）根据能源统计报表和计量采集记录，检查能源消费统计数据是否正确、完整。 4）检查能源统计报表，核查其是否按各类能源的消费实行分类计量和统计
	重点用能单位制定年度节能目标和实施方案，应以能源计量数据为基础，有针对性地采取计量管理或计量改造措施	查看重点用能单位制定的年度节能目标和实施方案，核查重点用能单位是否以能源计量数据为基础，有针对性地采取计量管理或者计量改造措施
	重点用能单位应利用能源计量数据进行节能分析。根据能源统计、考核期限，定期分析用于贸易结算、内部考核等能源报表数据并有分析记录或报告，为计量管理、节能改造提供可靠依据	查看重点用能单位有关节能分析的资料，核查重点用能单位是否利用能源计量数据进行节能分析，为用能单位采取节能措施提供依据

审查内容	具体要求	审查方法
能源计量数据应用	重点用能单位应将能源计量数据作为开展能源审计、能源平衡测试、能源效率限额对标、节能降耗改造等活动的依据,提高能源使用效率	1)查看重点用能单位自主开展的有关能源审计、能源平衡测试、能源效率限额对标等活动资料,核查其是否使用了能源计量数据。 2)如果重点用能单位根据需要委托外部机构进行能源审计、能源平衡测试、能源效率限额对标等活动的,查看有关外部机构的能力和资质的证明材料,以确认重点用能单位进行委托服务时能有效应用能源计量数据

5. 自查与整改

审查重点用能单位的自查与整改活动,具体审查内容、要求及方法见表8-5。

表 8-5　自查与整改的审查内容、要求及方法

审查内容	具体要求	审查方法
自查	重点用能单位每年应制定能源计量自查方案并组织自查,以验证其能源计量工作符合本单位能源计量管理制度和 JJF 1356—2012《重点用能单位能源计量审查规范》的要求。自查方案内容包括检查依据、检查项目、检查程序、检查方法和报告格式等	检查重点用能单位能源计量工作自查计划和实施记录,确认: 1)重点用能单位是否制订能源计量工作自查方案是否包括检查依据、检查项目、检查程序、检查方法和报告格式等内容。 2)重点用能单位是否按自查方案,定期对其能单位能源计量工作进行自查,以验证其能源计量工作符合本单位能源计量管理制度和 JJF 1356—2012《重点用能单位能源计量审查规范》的要求
	自查应形成记录	检查有关重点用能单位能源计量工作自查、不符合工作、纠正措施等记录是否齐全、完整,并保存
	自查应形成报告	检查有关重点用能单位能源计量工作自查报告,核查其内容是否覆盖 JJF 1356—2012《重点用能单位能源计量审查规范》附录 D 重点用能单位能源计量审查报告的全部内容,并保存
整改	重点用能单位应对自查发现的问题及时进行整改,并对整改的效果进行验证	查看有关整改记录,核查重点用能单位是否通过实施能源计量目标、应用自查结果、数据分析、纠正措施和预防措施以及外部审查来改进能源计量管理的持续有效性,是否对整改的效果进行了验证

五、能源计量审查工作的注意事项

（一）市场监管部门审查注意事项

1. 审查原则

能源计量审查应遵守以下原则：

（1）独立、公正原则；

（2）基于证据的方法原则；

（3）为被审查单位保密的原则。

2. 审查组织

市场监管部门按照《能源计量监督管理办法》有关规定，组织审查组，对照 JJF 1356—2012《重点用能单位能源计量审查规范》要求，对重点用能单位能源计量进行审查。

3. 审查组

能源计量审查组由组长和相关技术专家组成。审查组实行组长负责制。

组长职责是：

（1）制订审查计划，决定审查方式；

（2）对审查组成员进行工作分工；

（3）与被审查单位联络协调；

（4）审定并提交审查报告。

4. 审查方式

能源计量审查包括资料审查和现场审查两种方式。

5. 资料审查

审查组应依据 JJF 1356—2012《重点用能单位能源计量审查规范》要求，对重点用能单位报送的自查资料进行全面审查，确认其准确性和可信度。需要进行现场审查的要为抽样调查做好准备。

经审查组审查认可的重点用能单位能源计量自查结果，可直接运用于重点用能单位能源计量审查报告。

资料审查后，无需进行现场审查的，审查组应填写重点用能单位能源计量审查记录表，编制重点用能单位能源计量审查报告、审查情况汇总表。对审查发现的不符合项，应编制重点用能单位能源计量审查不符合项报告。

6. 现场审查

审查组在资料审查基础上，依照 JJF 1356—2012《重点用能单位能源计量审查规范》制订现场审查计划并通知被审查单位做好准备。审查计划包括审查目的、审查内容、审查程序、审查时间、审查人员分工、审查要求等内容。

现场审查采取资料审核、抽样调查、现场观察、现场提问、现场检测等方式进行。

一般情况下，现场审查时间不超过两天。需要进行现场审查的，重点用能单位应保证现场审查时处于正常生产状态。

现场审查程序如下：

（1）首次会议。由审查组组长主持，被审查单位负责人、能源计量管理有关人员和审查组成员参加。会议内容主要是：审查组通报审查计划，被审查单位介绍基本情况和能源计量工作情况。

（2）分工审查。审查组人员按照分工，采取资料审核、抽样调查、现场观察、现场提问、现场检测等方式，开展现场审查，填写重点用能单位能源计量审查记录表。

（3）情况汇总。分工审查结束后，审查组对审查情况进行汇总，确定审查结论。对审查发现的不符合项，应编制重点用能单位能源计量审查不符合项报告。

（4）交换意见。审查组与被审查单位负责人就审查情况和结论交换意见。

（5）末次会议。由审查组组长主持，被审查单位负责人、能源计量管理有关人员和审查组成员参加。审查组通报现场审查情况和结论，被审查单位负责人签字确认。

（二）重点用能单位自查注意事项

接到市场监管部门关于能源计量审查的通知后，重点用能单位应参考表 8-6 所列清单报送自查资料。

表 8-6　自查资料参考清单

序号	资料内容
1	本单位基本情况和组织机构设置框图
2	能源计量工作自查报告
3	能源计量管理制度
4	审查期内的能源统计报表，以及根据实际情况提供能源审计报告、能源平衡测试报告、能源效率限额对标报告和节能降耗改造技术报告等
5	能源计量人员一览表及任职证明文件
6	主要用能设备一览表
7	能源计量器具一览表
8	进出用能单位能源计量器具一览表分表
9	进出主要次级用能单位能源计量器具一览表分表
10	主要用能设备能源计量器具一览表分表
11	其他能源计量器具一览表分表
12	能源计量器具配备情况统计汇总表
13	能源计量器具准确度等级统计汇总表
14	年度能源购进、消费与库存情况表
15	能源流向图
16	能源计量器具配备及计量采集点网络图
17	能源计量器具自行检定 / 校准的其检定 / 校准装置的量值传递 / 溯源框图
18	能源计量器具的量值传递 / 溯源框图等

六、法律责任

市场监管部门根据审查组提交的审查资料，下达重点用能单位能源计量审查结果告知书，对审查结论为"基本符合规范要求，需要整改"和"不符合规范要求"的责令其对审查不符合项进行限期整改。市场监管部门组织审查组对重点用能单位整改情况进行资料或现场确认。对整改后仍不符合要求或拒绝整改的，按以下相关法律法规的规定处理。

1. 对拒绝、阻碍能源计量监督检查的处罚

《能源计量监督管理办法》第二十条："违反本办法规定，拒绝、阻碍能源计量监督检查的，由县级以上地方市场监督管理部门予以警告，可并处 1 万元以上

3万元以下罚款；构成犯罪的，依法追究刑事责任。"

2.对用能单位未按照规定配备、使用能源计量器具的处罚

《中华人民共和国节约能源法》第七十四条："用能单位未按照规定配备、使用能源计量器具的，由市场监督管理部门责令限期改正；逾期不改正的，处一万元以上五万元以下罚款。"

《能源计量监督管理办法》第十八条："违反本办法规定，用能单位未按照规定配备、使用能源计量器具的，由县级以上地方市场监督管理部门按照《中华人民共和国节约能源法》第七十四条等规定予以处罚。"

3.对用能单位人员未按要求配备的处罚

《能源计量监督管理办法》第十九条："违反本办法规定，重点用能单位未按照规定配备能源计量工作人员或者能源计量工作人员未接受能源计量专业知识培训的，由县级以上地方市场监督管理部门责令限期改正；逾期不改正的，处1万元以上3万元以下罚款。"

七、实例

以某热电有限公司（以下简称"热电公司"）能源计量审查为例，具体说明能源计量审查实际操作过程。

（一）准备工作

热电公司根据当年的文件要求，按照JJF 1356—2012《重点用能单位能源计量审查规范》要求，报送相关自查资料。

（二）资料审查

审查组收到热电公司提交的自查资料，对报送的自查资料进行全面审查。

（三）现场审查

1.通知企业和相关部门

根据审查计划，审查组确定前往审查的具体时间，并提前通知热电公司具体的审查时间，与热电公司确认在该时间是否处于正常生产状态，确认当地的防疫要求，确认具体联系人。同时，与当地市场监管部门沟通此次审查时间。

2. 首次会议

到达热电公司后，召开首次会议。首次会议由审查组组长主持，热电公司负责人、能源计量管理有关人员和审查组成员参加，并填写签到表。审查组组长通报审查文件和审查依据。热电公司负责人介绍基本情况和能源计量工作情况。

3. 分工审查

审查组组长对审查成员进行分工，分别进行资料审核和现场审查，并与热电公司确认资料审核和现场审查的具体联系人。

4. 资料审核

对照重点用能单位能源计量审查记录表，对能源计量管理、能源计量人员、能源计量器具、能源计量数据管理、自查与整改五个方面进行资料审查。

（1）能源计量管理

查阅"热电公司组织机构图和能源计量管理组织机构图"，核查是否明确能源计量工作的领导，是否确立能源计量主管部门，是否设置能源计量岗位，是否以文件形式明确规定其职责、权限和相互隶属关系。

查阅"热电公司企业制度——计量监督管理制度"，核查是否包含以下内容：能源计量管理职责，能源计量器具配备、使用和维护管理制度，能源计量器具周期检定／校准管理制度，能源计量人员配备、培训和考核管理制度，能源计量数据采集、处理、统计分析和应用制度，能源计量工作自查和改进制度。

查阅"热电公司企业制度——计量监督管理制度"，核查能源计量目标是否形成文件，能源计量目标是否由最高管理者授权发布，是否制定能源计量目标的测量方法并定期对目标实施情况进行评价。

（2）能源计量人员

查阅"热电公司人员档案"，核查是否配备足够的专业人员从事能源计量管理工作，能否保证能源计量职责和管理制度落实到位。核查是否设专人负责能源计量器具配备、使用、检定／校准、维护、报废等管理工作。核查是否设专人负责能源计量数据采集、统计、分析，能否保证能源计量数据完整、真实、准确。

查阅"热电公司人员档案"，核查从事能源计量管理、能源计量器具维护、能源计量数据采集、能源计量数据统计分析等人员是否掌握从事岗位所需的专业技术和业务知识。核查是否定期接受培训。核查是否按有关规定持证上岗。核查从事计量检定/校准等人员是否通过相关培训考核，取得相应资质。核查是否建立能源计量工作人员技术档案，保存其能力、教育、专业资格、培训、技能和经验等记录。

（3）能源计量器具

查阅"热电公司能源计量器具一览表"，核查能源计量器具配备是否符合 GB 17167—2006《用能单位能源计量器具配备和管理通则》的要求。

查阅"热电公司能源流向图和采集点网络图"，核查是否按照一次能源、二次能源和载能工质等能源的种类确定能源流向和计量采集点，形成能源流向图和能源计量采集点网络图。核查是否定期对能源流向图、能源计量采集点和能源计量器具需要量进行评审，是否符合实际状况。

查阅"热电公司能源计量器具一栏表和档案"，核查一栏表是否包含计量器具名称、型号规格、准确度等级、测量范围、生产厂家、出厂编号、用能单位管理编号、安装使用地点、检定周期/校准间隔、检定/校准状态。核查档案是否包含计量器具使用说明书（可能时或需要时）、计量器具出厂合格证书、计量器具最近两个连续周期的检定/校准证书、计量器具维护保养记录、计量器具其他相关信息。

查阅"热电公司检定/校准证书、量值传递/溯源框图"，核查其准确度等级、测量范围、可溯源的上级传递标准是否符合要求。核查是否制订能源计量器具周期检定/校准计划，实行定期检定/校准，其检定周期、检定方式是否遵守相关计量法律法规的规定。核查在用能源计量器具是否处于有效的检定/校准状态。核查能源计量器具是否在受控或已知满足需要的环境中使用，能否确保测量结果准确有效。核查是否指定专人负责能源计量器具使用和维护，核查能源计量器具有效的使用说明书（包括制造商提供的有关手册）、检定/校准证书等资料是否保存完好并便于取用。

（4）能源计量数据管理

查阅"热电公司能源计量采集记录"，核查是否按能源分类、分级、分项计量要求设置能源计量采集点对各种一次能源、二次能源和载能工质等定期进行计量数据采集和记录，记录是否完整、真实、准确、可靠，并按规定的期限予以保存，能否满足能源计量管理的要求。核查是否满足计算和统计单位产品能源消耗量及工序能耗量、制定和考核各级能耗定额、计算节能技改的节能量等需要。核查是否满足政府节能管理的需求。核查记录内容是否包含使用的能源计量器具、采集依据、环境条件等相关信息，能源计量采集原始数据，数据计算方法及结果，采集、复核人员签字，必要时核查是否有审核人员签字和采集日期。核查能源计量原始数据是否随意更改，能否保证数据完整、真实、准确、可靠。核查是否将能源计量数据作为统计调查、统计分析的基础，能源统计报表数据是否能追溯至计量采集记录。核查是否以能源计量数据为基础，制定年度节能目标和实施方案，有针对性地采取计量管理或计量改造措施。核查是否利用能源计量数据进行节能分析。

查阅"热电公司能源审计、能源平衡测试、能源效率限额对标、节能降耗改造"，核查是否将能源计量数据作为开展能源审计、能源平衡测试、能源效率限额对标、节能降耗改造等活动的依据，是否提高了能源使用效率。

（5）自查与整改

查阅"热电公司自查方案"，核查是否制定能源计量自查方案并组织自查，能否验证其能源计量工作符合该单位能源计量管理制度和 JJF 1356—2012 的要求。核查自查方案内容是否包括检查依据、检查项目、检查程序、检查方法和报告格式等。

查阅"热电公司自查记录"，核查自查是否形成记录。

查阅"热电公司自查报告"，核查自查是否形成报告，内容是否覆盖全部内容。

查阅"热电公司整改材料"，核查是否对自查发现的问题及时进行整改，并对整改的效果进行验证。

5. 现场观察

（1）能源品种实验室

核查能源计量采集是否按照标准、规范或程序并在受控条件下进行。受控条件包括：使用合格的能源计量器具，应用经确认有效的采集标准、规范、程序和记录表式，具备所要求的环境条件，使用具有资格能力的人员，合适的结果报告方式。

核查在用能源计量器具是否在明显位置粘贴与能源计量器具台账或一览表编号对应的标识，是否有检定／校准状态标识以备查验和管理。

（2）厂区进出计量器具

核查在用能源计量器具是否在明显位置粘贴与能源计量器具台账或一览表编号对应的标识，是否有检定／校准状态标识以备查验和管理。

（3）厂区进出次级计量器具

核查在用能源计量器具是否在明显位置粘贴与能源计量器具台账或一览表编号对应的标识，是否有检定／校准状态标识以备查验和管理。

（4）厂区主要用能设备计量器具

核查在用能源计量器具是否在明显位置粘贴与能源计量器具台账或一览表编号对应的标识，是否有检定／校准状态标识，以备查验和管理。

（5）厂区主要用能设备

核查主要用能设备与设备台账信息是否一致。

（6）建标实验室

核查是否按要求进行建标，查看相关材料。

6. 情况汇总

审查组成员将审查情况进行汇总，形成审查结论。对审查发现的不符合项，编制重点用能单位能源计量审查不符合项报告。

7. 交换意见

审查组与热电公司负责人就审查情况和结论交换意见。

8. 末次会议

召开末次会议，末次会议由审查组组长主持，热电公司负责人、能源计量管理有关人员和审查组成员参加，并填写签到表。审查组通报现场审查情况和结论，热电公司负责人签字确认。

（四）编制审查报告

现场审查结束后，由审查组根据审查汇总情况和现场审查时形成的审查结论，编制重点用能单位能源计量审查报告、审查情况汇总表。

第二节　能效标识、水效标识监督检查

能效标识是能源效率标识的简称，是指表示用能产品能源效率等级等性能指标的一种信息标识，属于产品符合性标志的范畴。地方各级人民政府管理节能工作的部门、地方各级人民政府市场监管部门和出入境检验检疫机构，在各自职责范围内对所辖区域内能效标识的使用实施监督管理。

水效标识是指采用企业自我声明和信息备案的方式，表示用水产品水效等级等性能的一种符合性标志。地方各级人民政府发展改革部门、水行政主管部门、市场监管部门和出入境检验检疫机构，在各自的职责范围内对水效标识制度的实施开展监督检查。

一、监督检查依据

1. 法律

《中华人民共和国节约能源法》第十八条规定："国家对家用电器等使用面广、耗能量大的用能产品，实行能源效率标识管理。实行能源效率标识管理的产品目录和实施办法，由国务院管理节能工作的部门会同国务院市场监督管理部门制定并公布。"

《中华人民共和国节约能源法》第十九条规定："生产者和进口商应当对列入国家能源效率标识管理产品目录的用能产品标注能源效率标识，在产品包装物上或者说明书中予以说明，并按照规定报国务院市场监督管理部门和国务院管理节能工作的部门共同授权的机构备案。

"生产者和进口商应当对其标注的能源效率标识及相关信息的准确性负责。禁止销售应当标注而未标注能源效率标识的产品。

"禁止伪造、冒用能源效率标识或者利用能源效率标识进行虚假宣传。"

2. 国务院部门规章

《能源效率标识管理办法》全文（略）。

《水效标识管理办法》全文（略）。

二、监督检查对象

列入《中华人民共和国实行能源效率标识的产品目录》《中华人民共和国实行水效标识的产品目录》的用能用水产品生产者、进口商及销售者（含网络商品经营者）、第三方交易平台（场所）经营者、企业自有检测实验室和第三方检验检测机构。

1.《中华人民共和国实行能源效率标识的产品目录》

国家对节能潜力大、使用面广的用能产品实行能效标识管理。具体产品实行目录管理。国家发展改革委会同市场监管总局制定并公布《中华人民共和国实行能源效率标识的产品目录》（见表 8-7），规定统一适用的产品能效标准、实施规则、能效标识样式和规格。

表 8-7　中华人民共和国实行能源效率标识的产品目录
（更新至第十六批）

序号	产品名称	适用范围	依据的能效标准	实施时间
CEL-001—2016	家用电冰箱	适用于电机驱动压缩式、家用的电冰箱（含 500 L 及以上）、葡萄酒储藏柜、嵌入式制冷器具。 不适用于其他专用于透明门展示用或其他特殊用途的冰箱产品。	GB 12021.2—2015《家用电冰箱耗电量限定值及能效等级》	2016 年10 月 1 日
CEL 003—2016	电动洗衣机	适用于额定洗涤容量为 13.0 kg 及以下的家用电动洗衣机。 不适用于额定洗涤容量为 1.0 kg 及以下的洗衣机和没有脱水功能的单桶洗衣机，也不适用于搅拌式洗衣机。洗衣干衣机只考核其洗涤功能	GB 12021.4—2013《电动洗衣机能效水效限定值及等级》	2016 年10 月 1 日

序号	产品名称	适用范围	依据的能效标准	实施时间
CEL 004—2020	单元式空气调节机	适用于采用电机驱动压缩机、室内机静压为 0 Pa（表压力）的单元式空气调节机、计算机和数据处理机房用单元式空气调节机、通讯基站用单元式空气调节机和恒温恒湿型单元式空气调节机。 不适用于多联式空调（热泵）机组、屋顶式空气调节机组和风管送风式空调（热泵）机组	GB 19576—2019《单元式空气调节机能效限定值及能效等级》	2020 年 11 月 1 日
CEL 005—2016	普通照明用自镇流荧光灯	适用于额定电压 220 V、频率 50 Hz 交流电源，额定功率为 3 W～60 W，采用螺口灯头或卡口灯头，在家庭和类似场合普通照明用的，把控制启动和稳定燃点部件集成一体且不可拆卸的自镇流荧光灯。 本规则不适用于带罩的自镇流荧光灯	GB 19044—2013《普通照明用自镇流荧光灯能效限定值及能效等级》	2016 年 10 月 1 日
CEL 006—2016	高压钠灯	适用于作为室内外照明用的，且带有透明玻壳，额定功率为 50 W、70 W、100 W、150 W、250 W、400 W、1 000 W 的普通型高压钠灯	GB 19573—2004《高压钠灯能效限定值及能效等级》	2016 年 10 月 1 日
CEL 007—2021	中小型三相异步电动机	适用于额定电压 1 000 V 及以下，50 Hz 三相交流电源供电，额定功率在 0.75 kW～375 kW 范围内，极数为 2 极、4 极、6 极和 8 极，单速封闭自扇冷式、N 设计、连续工作制的一般用途电动机或一般用途防爆电动机。 不适用的电动机主要包括：（1）与其他设备如泵、风扇、压缩机和减速箱等完全嵌合而不能单独分离测试的电动机；（2）为驱动特殊机械（如起动转矩大、特殊要求的扭矩刚度和 / 或极限扭矩特性、大量驱动 / 停止循环）专门设计的电动机；（3）为在较恶劣供电环境下（如电动机起动电流不能过大、电网电压和 / 或频率变动幅度较大）使用特殊设计的电动机；（4）特殊环境条件下使用的电动机，如高海拔（>1 000 m）安装使用的电	GB 18613—2020《电动机能效限定值及能效等级》	2021 年 6 月 1 日

序号	产品名称	适用范围	依据的能效标准	实施时间
CEL 007—2021	中小型三相异步电动机	动机、排烟电动机（温度等级250℃及以上）、纺织专用电动机、船舶专用电动机等；（5）出于安全需要和特定设计限制（如加大气隙、减少起动电流、增强密封）而制造的防爆电动机；（6）为变工况专门设计的电动机；（7）为起重电动葫芦和建设机械配套的锥形转子电动机；（8）电磁制动在电机机壳内的电动机（风扇罩内算机壳外）；（9）S1和操作时间达到80%或以上的S3工作制之外的电动机；（10）绕线转子感应电动机；（11）变极多速电动机；（12）完全浸入液体内运行的潜液电动机；（13）冷却方式为液体冷却的电动机；（14）变频电机（频率含50 Hz，绕组线圈没有特殊要求）有独立风扇（IC416）	GB 18613—2020《电动机能效限定值及能效等级》	2021年6月1日
CEL 008—2016	冷水机组	适用于电机驱动压缩机的蒸汽压缩循环冷水（热泵）机组	GB 19577—2015《冷水机组能效限定值及能效等级》	2017年1月1日
CEL 009—2016	家用燃气快速热水器和燃气采暖热水炉	适用于仅以燃气作为能源的热负荷不大于70 kW的家用燃气快速热水器（含冷凝式家用燃气快速热水器）和燃气采暖热水炉（含冷凝式燃气暖浴两用炉）。不适用于燃气容积式热水器。本规则所指燃气应符合GB/T 13611的规定	GB 20665—2015《家用燃气快速热水器和燃气采暖热水炉能效限定值及能效等级》	2016年10月1日
CEL 010—2020	房间空气调节器	适用于采用空气冷却冷凝器、全封闭电动压缩机，额定制冷量不大于14 000 W、气候类型为T1的房间空气调节器和名义制热量不大于14 000 W的低环境温度空气源热泵热风机。不适用于移动式空调器、多联式空调机组、风管送风式空调器	GB 21455—2019《房间空气调节器能效限定值及能效等级》	2020年7月1日

续表

序号	产品名称	适用范围	依据的能效标准	实施时间
CEL 011—2022	多联式空调（热泵）机组	适用于采用风冷式或水冷式冷凝器的多联式空调（热泵）机组、低环境温度空气源多联式热泵（空调）机组	GB 21454—2021《多联式空调（热泵）机组能效限定值及能效等级》	2022年11月1日。2022年11月1日前出厂或进口的产品，可延迟至2024年11月1日按修订后的实施规则加施能效标识
CEL 012—2016	储水式电热水器	适用于储水式电热水器。不适用于带电辅助加热的新能源热水器、热泵热水器（机）	GB 21519—2008《储水式电热水器能效限定值及能效等级》	2016年10月1日
CEL 013—2016	家用电磁灶	适用于一个或多个加热单元的电磁灶（包括组合式器具中的电磁灶单元），每个加热单元的额定功率为700 W～3 500 W。不适用于商用电磁灶、工频电磁灶和凹灶。	GB 21456—2014《家用电磁灶能效限定值及能效等级》	2016年10月1日
CEL 014—2023	显示器	适用于屏幕对角线尺寸不小于40 cm，以交流或直流方式供电，以液晶（LCD）和有机发光二极管（OLED）为显示方式的平面和曲面的普通用途和商用显示器。适用于以交流或直流方式供电，以发光二极管（LED）为显示方式，像素间距大于0.30 mm且不大于2.60 mm、最大亮度不大于3 000 cd/m^{2}的LED一体化显示终端。不适用于：a）在电视节目拍摄、制作和播出等环节进行图像评价的专业用途监视器；b）双屏显示器；c）工业设备用、医疗设备用、电影放映用、虚拟现实（VR）、增强现实（AR）、融合现实（MR）、扩展现实（XR）和液晶控制台（KVM/KMM）等专业用途显示器和仅作为配件使用的显示产品；d）仅支持以电池方式供电的显示器	GB 21520—2023《显示器能效限定值及能效等级》	2024年6月1日。2024年6月1日前出厂或进口的产品，可延迟至2026年6月1日按修订后的实施规则加施能效标识

续表

序号	产品名称	适用范围	依据的能效标准	实施时间
CEL 015—2016	复印机、打印机和传真机	适用于普通用途的复印机、打印机、传真机、多功能一体机。适用于在220V、50Hz 电网供电下正常工作，标准幅面的产品。不适用于以下产品：（1）仅由数据接口（如 USB、IEEE1394 等接口）供电的产品；（2）具有数字接收前端（DFE）的产品；（3）输出速度大于等于 70 页 / 分钟的产品；（4）打印头针数大于 48 的针式打印机	GB 21521—2014《复印机、打印机和传真机能效限定值及能效等级》	2016 年 10 月 1 日
CEL 016—2017	电饭锅	适用于常压环境下工作，以电热元件或电磁感应方式加热，额定功率不大于 2 000 W 的电饭锅	GB 12021.6—2017《电饭锅能效限定值及能效等级》	2018 年 6 月 1 日
CEL 017—2022	电风扇	适用于单相额定电压不超过 250 V，其他额定电压不超过 480 V，由交流或直流电动机驱动的台扇、转页扇、壁扇、台地扇、落地扇，具体范围见下表： 种类｜扇叶直径规格 / mm 台扇、转页扇、壁扇、台地扇、落地扇｜200～600 吊扇｜900～1 800 不适用于电池供电迷你风扇	GB 12021.9—2021《电风扇能效限定值及能效等级》	2022 年 11 月 1 日。2022 年 11 月 1 日前出厂或进口的产品，可延迟至 2024 年 11 月 1 日按修订后的实施规则加施能效标识
CEL 018—2023	交流接触器	适用于主电路额定频率为 50 Hz，额定工作电压为 1 000 V 及以下，额定工作电流为 6 A～630 A，控制电路额定频率为 50 Hz，额定控制电源电压为交流 400 V 及以下，使用类别为 AC-3 的三极机电式、直动式的整体式接触器。不适用于外加节电装置、家用和类似用途的接触器及半导体接触器（固态接触器）	GB 21518—2022《交流接触器能效限定值及能效等级》	2024 年 1 月 1 日。2024 年 1 月 1 日前出厂或进口的产品，可延迟至 2026 年 1 月 1 日按修订后的实施规则加施能效标识

续表

序号	产品名称	适用范围	依据的能效标准	实施时间
CEL 019—2016	容积式空气压缩机	适用于一般用喷油回转空气压缩机、一般用变转速喷油回转空气压缩机、一般用往复活塞空气压缩机、全无油润滑往复活塞空气压缩机、直联便携式往复活塞空气压缩机，具体包括：（1）驱动电动机功率为1.5 kW～630 kW、排气压力为0.25 MPa～1.4 MPa的一般用喷油回转空气压缩机（包括一般用喷油螺杆空气压缩机、一般用喷油单螺杆空气压缩机、一般用喷油滑片空气压缩机和一般用喷油涡旋空气压缩机）；（2）驱动电动机功率为2.2 kW～315 kW、排气压力为0.25 MPa～1.4 MPa的一般用变转速喷油回转空气压缩机（包括一般用变频喷油螺杆空气压缩机和一体式永磁变频螺杆空气压缩机）；（3）驱动电动机功率为0.75 kW～75 kW、排气压力为0.25 MPa～1.4 MPa的一般用往复活塞空气压缩机（包括微型往复活塞空气压缩机和一般用固定的往复活塞空气压缩机）；（4）驱动电动机功率为0.55 kW～22 kW、排气压力为0.4 MPa～1.4 MPa的全无油润滑往复活塞空气压缩机；（5）直联便携式往复活塞空气压缩机	GB 19153—2019《容积式空气压缩机能效限定值及能效等级》	2020年7月1日
CEL 020—2021	电力变压器	适用于额定频率为50 Hz、三相10 kV电压等级、无励磁调压、额定容量30 kVA～2 500 kVA的油浸式配电变压器和额定容量30 kVA～2 500 kVA的干式配电变压器，额定频率为50 Hz、电压等级为35 kV～500 kV、额定容量为3 150 kVA及以上的三相油浸式电力变压器等（对应GB 20052—2020的表1～表28）。不适用于充气式变压器、高阻抗变压器	GB 20052—2020《电力变压器能效限定值及能效等级》	2021年6月1日

续表

序号	产品名称	适用范围	依据的能效标准	实施时间
CEL 021—2021	通风机	适用于一般用途离心通风机、一般用途轴流通风机、工业锅炉用离心引风机、电站锅炉离心式通风机、电站轴流式通风机、暖通空调用离心通风机、前向多翼离心通风机。 不适用于空调用管道型通风机、箱型通风机、无蜗壳离心式通风机及防爆等其他用途和特殊结构的通风机	GB 19761—2020《通风机能效限定值及能效等级》	2021年6月1日
CEL 022—2016	平板电视	适用于在电网电压下正常工作，以地面、有线、卫星或其他模拟、数字信号接收、解调及显示为主要功能的液晶电视和等离子电视；也适用于主要功能为电视，不具备调谐器，但作为电视产品流通的显示设备	GB 24850—2013《平板电视能效限定值及能效等级》[①]	2016年10月1日
CEL 023—2017	家用和类似用途微波炉	适用于最大额定输入功率在2 500 W及以下，利用频率为2 450 MHz的ISM频段电磁能量以及由电阻性电热元件加热炉腔内物品和食物的家用和类似用途微波炉，包括组合型微波炉。 不适用于商用微波炉、工业微波炉以及带抽油烟机的微波炉	GB 24849—2017《家用和类似用途微波炉能效限定值及能效等级》	2018年6月1日
CEL 024—2016	数字电视接收器（机顶盒）	适用于普通用途数字电视接收器（又称机顶盒），是指在220 V、50 Hz电网供电下正常工作的接收器，包括有线接收器、地面接收器和卫星接收器	GB 25957—2010《数字电视接收器（机顶盒）能效限定值及能效等级》[②]	2016年10月1日
CEL 025—2016	远置冷凝机组冷藏陈列柜	适用于销售和陈列食品的远置冷凝机组冷藏陈列柜。 不适用于制冷自动售货机和非零售的冷藏陈列柜	GB 26920.1—2011《商用制冷器具能效限定值及能效等级 第1部分：远置冷凝机组冷藏陈列柜》	2016年10月1日

---

① GB 24850—2013《平板电视能效限定值及能效等级》已被 GB 24850—2020《平板电视与机顶盒能效限定值及能效等级》代替。——出版者

② GB 25957—2010《数字电视接收器（机顶盒）能效限定值及能效等级》已被 GB 24850—2020《平板电视与机顶盒能效限定值及能效等级》代替。——出版者

续表

序号	产品名称	适用范围	依据的能效标准	实施时间
CEL 026—2016	家用太阳能热水系统	适用于贮热水箱容积在 0.6 m³ 以下的家用太阳能热水系统	GB 26969—2011《家用太阳能热水系统能效限定值及能效等级》	2016 年 10 月 1 日
CEL 027—2016	微型计算机	适用普通用途的台式计算机、具有显示功能的一体式台式微型计算机（简称"一体机"）和便携式计算机。不适用于工作站及工控机；不适用于具有两个及两个以上独立图形显示单元的微型计算机；不适用于电源额定功率大于 750 W 的微型计算机；也不适用于显示屏对角线小于 0.294 6 m（11.6 英寸）的便携式计算机及一体机。注：相关产品定义可参考 GB/T 9813《微型计算机通用规范》的现行有效版本的规定	GB 28380—2012《微型计算机能效限定值及能效等级》	2016 年 10 月 1 日
CEL 028—2016	吸油烟机	适用于安装在家用烹调炉具、炉灶或类似用途的器具上部，额定电压不超过 250 V 的外排式吸油烟机	GB 29539—2013《吸油烟机能效限定值及能效等级》	2016 年 10 月 1 日
CEL 029—2016	热泵热水机（器）	适用于以电动机驱动，采用蒸气压缩制冷循环，以空气为热源，提供热水为目的的热泵热水机（器）。不适用水源式热泵热水机（器）	GB 29541—2013《热泵热水机（器）能效限定值及能效等级》	2016 年 10 月 1 日
CEL 030—2016	家用燃气灶具	适用于仅使用城镇燃气的单个燃烧器额定热负荷不大于 5.23 kW 的家用燃气灶具。不适用于在移动的运输交通工具中使用的燃气灶具。本规则所指燃气是指 GB/T 13611《城镇燃气分类和基本特性》规定的燃气	GB 30720—2014《家用燃气灶具能效限定值及能效等级》	2016 年 10 月 1 日

续表

序号	产品名称	适用范围	依据的能效标准	实施时间
CEL 031—2016	商用燃气灶具	适用于以燃气为能源的单个灶眼额定热负荷不大于 60 kW 的中餐燃气炒菜灶、每个灶眼额定热负荷不大于 80 kW 且锅的公称直径不小于 600 mm 的炊用燃气大锅灶和额定热负荷不大于 80 kW 且蒸腔蒸汽压力不大于 500 Pa（表压）的燃气蒸箱。本规则所指燃气是指 GB/T 13611《城镇燃气分类和基本特性》规定的燃气	GB 30531—2014《商用燃气灶具能效限定值及能效等级》	2016 年 10 月 1 日
CEL 032—2016	水（地）源热泵机组	适用于以电动机械压缩式系统并以水为冷（热）源的户用、工商业用和类似用途的水（地）源热泵机组。不适用于单冷型和单热型水（地）源热泵机组	GB 30721—2014《水（地）源热泵机组能效限定值及能效等级》	2016 年 10 月 1 日
CEL 033—2016	溴化锂吸收式冷水机组	适用于以蒸汽为热源或以燃油、燃气直接燃烧为热源的空气调节或工艺用双效溴化锂吸收式冷（温）水机组。不适用于两种或两种以上热源组合型的机组	GB 29540—2013《溴化锂吸收式冷水机组能效限定值及能效等级》	2016 年 10 月 1 日
CEL 034—2020	室内照明用 LED 产品	适用于普通室内照明用 LED 筒灯、定向集成式 LED 灯和非定向自镇流 LED 灯，具体包括：（1）以 LED 为光源、电源电压不超过 AC 250 V、频率 50 Hz，额定功率为 2 W 及以上、光束角 >60° 的 LED 筒灯，不包括使用集成式 LED 灯的 LED 筒灯；（2）额定电源电压为 AC 220 V、频率 50 Hz，灯头符合 GU10、B22、E14 或 E27 的要求，PAR16、PAR20、PAR30、PAR38 系列的定向集成式 LED 灯；（3）额定电源电压为 AC 220 V、频率 50 Hz，额定功率大于等于 2 W、小于等于 60 W 的非定向自镇流 LED 灯，不包括具有外加光学透镜设计的非定向自镇流 LED 灯。不适用于具有耗能的非照明附加功能或具备调光、调色和感应功能的室内照明 LED 产品	GB 30255—2019《室内照明用 LED 产品能效限定值及能效等级》	2020 年 11 月 1 日

续表

序号	产品名称	适用范围	依据的能效标准	实施时间
CEL 035—2016	投影机	适用于以投影为主要功能，高压汞灯或金属卤化物灯为光源的液晶显示（LCD）和数字光学处理（DLP）投影机。固态光源投影机和以硅基液晶（LCOS）为显示器件的投影机等可参照执行。不适用于投影屏幕与投影机组成的一体式投影单元和用于影院放映的专业投影机	GB 32028—2015《投影机能效限定值及能效等级》	2016 年 10 月 1 日
CEL 036—2017	家用和类似用途交流换气扇	适用于单相额定电压不大于 250 V，额定输入功率不大于 500 W，叶轮直径不大于 500 mm，由交流电动机驱动的家用和类似用途交流换气扇。具体适用范围：（1）规格为 100 mm～200 mm 罩极式 A 型换气扇；（2）规格为 150 mm～500 mm 电容式 A 型换气扇；（3）规格为 150 mm～300 mm 电容式 A 型非管道天花板换气扇；（4）电容式 B 型换气扇；（5）电容式 D 型换气扇。不适用于以下用途的换气扇：（1）专门为工业用设计的换气扇；（2）预定用于特殊条件下，如腐蚀性、易燃易爆性气体、粉尘、蒸汽或煤气所存在的地方的换气扇；（3）用于空气加热器、冷冻设备或空气调节器以及空气－空气能量回收装置用的换气扇；（4）嵌入器具中（如炉灶和微波烹调器具）的换气扇；（5）船用换气扇；（6）C 型换气扇、双向出风换气扇，以及最大静压小于 25 Pa 的 B 型和 D 型换气扇	GB 32049—2015《家用和类似用途交流换气扇能效限定值及能效等级》	2018 年 6 月 1 日
CEL 037—2017	自携冷凝机组商用冷柜	适用于自携冷凝机组商用冷柜，包括：（1）销售和陈列食品的自携式商用冷柜；（2）商店、宾馆和饭店等场所使用的封闭式自携饮料冷藏陈列柜；（3）实体门商用冷柜（如厨房冰箱、制冷储藏柜、制冷工作台）、非零售用的自携式商用冷柜	GB 26920.2—2015《商用制冷器具能效限定值和能效等级第 2 部分：自携冷凝机组商用冷柜》	2018 年 6 月 1 日

序号	产品名称	适用范围	依据的能效标准	实施时间
CEL 038—2020	永磁同步电动机	适用于工业用一般用途永磁同步电动机，具体包括：（1）1 140 V 及以下的电压，50 Hz 三相交流电源供电，额定功率为 0.55 kW～375 kW，极数为 2 极、4 极、6 极、8 极、10 极、12 极和 16 极，单速封闭自扇冷式，连续工作制（S1）的异步起动三相永磁同步电动机；（2）1 000 V 及以下的电压，变频电源供电，额定功率为 0.55 kW～110 kW 电梯用永磁同步电动机；（3）1 000 V 及以下的电压，变频电源供电，额定功率为 0.55 kW～90 kW 变频驱动永磁同步电动机；（4）再制造工业用一般用途永磁同步电动机。 不适用的电动机主要包括：（1）与其他设备如泵、风扇、压缩机、曳引机和减速箱等完全嵌合而不能单独分离测试的电动机；（2）制动器在电机机壳内的电动机（风扇罩内算机壳外）	GB 30253—2013《永磁同步电动机能效限定值及能效等级》	2020 年 7 月 1 日
CEL 039—2020	空气净化器	适用于额定电压不超过 250 V、具有一定颗粒物净化能力（颗粒物洁净空气量为 50 m³/h～800 m³/h）的空气净化器。 不适用于：（1）仅采用离子发生技术的空气净化器；（2）风道式空气净化装置及其他类似的空气净化器；（3）仅具备气体污染物、微生物净化能力的空气净化器；（4）专为工业用途、医疗用途和车辆设计的空气净化器；（5）在腐蚀性或爆炸性气体（如粉尘、蒸汽或瓦斯）特殊环境场所所使用的空气净化器	GB 36893—2018《空气净化器能效限定值及能效等级》	
CEL 040—2020	道路和隧道照明用 LED 灯具	适用于额定电压为 AC 220 V、频率 50 Hz 的道路和隧道照明用 LED 灯具（包括 LED 光源及其控制装置，不包括可独立安装的互联控制部件或其他与照明无关的功能附件）	GB 37478—2019《道路和隧道照明用 LED 灯具能效限定值及能效等级》	2020 年 11 月 1 日

序号	产品名称	适用范围	依据的能效标准	实施时间
CEL 041—2020	风管送风式空调机组	适用于采用电机驱动压缩机、室内机静压大于 0 Pa（表压力）的风管送风式空调（热泵）机组和直接蒸发式全新风空气处理机组。 不适用于多联式空调（热泵）机组	GB 37479—2019《风管送风式空调机组能效限定值及能效等级》	2020 年 11 月 1 日
CEL 042—2020	低环境温度空气源热泵（冷水）机组	适用于采用电动机驱动的、低环境温度运行的风 - 水型低环境温度空气源热泵（冷水）机组、供暖用低环境温度空气源热泵热水机、供暖用低温型商业或工业用及类似用途的热泵热水机。 不适用于低环境温度空气源多联式空调机组和风 - 风型低环境温度空气源热泵机组	GB 37480—2019《低环境温度空气源热泵（冷水）机组能效限定值及能效等级》	2020 年 11 月 1 日
CEL 043—2023	电焊机	适用于为工业和专业用途而设计，不超过 GB/T 156 中规定的电压供电的电弧焊机和电阻焊机（电阻焊机特指与机架、输入回路和二次回路实现最终安装的电阻焊变压器）。 不适用于交流 TIG 电弧焊机、交直流两用 TIG 电弧焊机、工频次级整流电阻焊机、缝焊机、电阻对焊机、闪光对焊机、储能电阻焊机、逆变式交流电阻焊机、单独出售的电阻焊变压器和机械设备驱动的电焊机以及仅以电池供电的电焊机	GB 28736—2019《电焊机能效限定值及能效等级》	2024 年 6 月 1 日。2024 年 6 月 1 日前出厂或进口的产品，可延迟至 2026 年 6 月 1 日按实施规则加施能效标识
CEL 044—2023	普通照明用 LED 平板灯	适用于以 LED 为光源，额定电压 220 V、频率 50 Hz，厚度不超过 85 mm 的普通照明用 LED 平板灯（包括 LED 光源及其控制装置，外置控制装置的厚度不计算在灯具厚度内）。 不适用于具有耗能的非照明附加功能的 LED 平板灯、具有调光 / 调色功能的 LED 平板灯，以及在连续发光面上带有彩色、图案或装饰件等的 LED 平板灯	GB 38450—2019《普通照明用 LED 平板灯能效限定值及能效等级》	2024 年 6 月 1 日。2024 年 6 月 1 日前出厂或进口的产品，可延迟至 2026 年 6 月 1 日按实施规则加施能效标识

序号	产品名称	适用范围	依据的能效标准	实施时间
CEL 045—2023	商用电磁灶	适用于单个或多个加热单元的电磁灶，其中单个加热单元的额定功率小于 35 kW，额定电压不超过 450 V。不适用于家用电磁灶、拟用于特殊环境条件下的电磁灶（如腐蚀性环境或容易引起爆炸的环境）、室外用电磁灶等	GB 40876—2021《商用电磁灶能效限定值及能效等级》	2024 年 6 月 1 日。2024 年 6 月 1 日前出厂或进口的产品，可延迟至 2026 年 6 月 1 日按实施规则加施能效标识

2.《中华人民共和国实行水效标识的产品目录》

国家发展改革委、水利部、市场监管总局制定并公布《中华人民共和国实行水效标识的产品目录》（见表 8-8），确定适用的产品范围和依据的水效标准。

表 8-8　中华人民共和国实行水效标识的产品目录
（更新至第四批）

序号	产品名称	适用范围	依据的水效标准	实施时间
CWL 01—2020	坐便器	适用于安装在建筑设施内冷水管路上、供水压力不大于 0.6 MPa 条件下使用的坐便器（不包括智能坐便器）	GB 25502—2019《坐便器水效限定值及水效等级》	2021 年 1 月 1 日
CWL 02—2020	智能坐便器	适用于安装在建筑设施内冷水管路上、供水压力 0.1 MPa～0.6 MPa 条件下使用的智能坐便器	GB 38448—2019《智能坐便器能效水效限定值及等级》	2021 年 1 月 1 日
CWL 03—2020	洗碗机	适用于使用热水和 / 或冷水的家用和类似用途电动洗碗机。不适用于商用或类似用途洗碗机	GB 38383—2019《洗碗机能效水效限定值及等级》	2021 年 4 月 1 日
CWL 01—2021	淋浴器	适用于安装在建筑物内的冷、热水供水管路末端，公称压力（静压）不大于 1.0 MPa，介质温度为 4℃～90℃条件下的盥洗室（洗手间、浴室）、淋浴房等卫生设施上使用的淋浴器（含花洒或花洒组合）。不适用于自带加热装置的淋浴器和恒温淋浴器	GB 28378—2019《淋浴器水效限定值及水效等级》	2022 年 7 月 1 日

续表

序号	产品名称	适用范围	依据的水效标准	实施时间
CWL 02—2021	净水机	适用于以市政自来水或其他集中式供水为原水，以反渗透膜或纳滤膜作为主要净化元件，供家庭或类似场所使用的小型净水机。不适用于长度或宽度或高度≥2 000 mm、重量≥100 kg且净水流量≥3 L/min 的大型净水机	GB 34914—2021《净水机水效限定值及水效等级》	2022 年7 月 1 日
CWL 01—2023	水嘴	适用于安装在冷、热水供水管路末端，公称压力（静压）不大于 1.0 MPa，介质温度为 4℃～90℃条件下的洗面器水嘴、厨房水嘴、妇洗器水嘴和普通洗涤水嘴	GB 25501《水嘴水效限定值及水效等级》现行有效版本	2025 年1 月 1 日

三、监督检查内容

1. 能效水效标识符合性监督检查内容

（1）是否符合国家强制性能效水效标准。

（2）产品标注的能效水效等级与实际是否相符。

2. 能效水效标识标注符合性监督检查内容

（1）是否按有关标准和实施细则的要求标注能效水效标识（包括是否符合网络交易产品能效水效标识展示要求）。

（2）是否办理能效水效标识备案；使用的能效水效标识样式、规格等是否符合实施规则。

（3）是否存在伪造、冒用能效水效标识或利用能效水效标识进行虚假宣传的行为。

具体检查内容和要求见表 8-9、表 8-10。

表 8-9　能效标识标注符合性检查内容

序号	检查项目	检查内容
1	是否按规定粘贴能效标识	1）标识是否加施在用能产品的明显部位，并在产品包装物上或者使用说明书中予以说明。产品通过网络商品交易的，是否在产品信息展示主页面醒目位置展示相应的能效标识。

序号	检查项目	检查内容
1	是否按规定粘贴能效标识	2）标识图案、文字和颜色是否符合该类产品能源效率标识实施规则的规定。 3）在产品包装物、说明书、网络交易产品信息展示主页面以及广告宣传中使用的能效标识是否符合要求
2	能效标识的样式规格和内容是否规范	能效标识是否包括以下基本内容： 1）生产者名称或者简称。生产者是指对产品质量负有法律责任的产品品牌所有者或使用者。 2）产品规格型号。产品规格型号是否与铭牌上的标注相一致。 3）能效等级和能效指标。能效标识标注的能效指标是否超出相应能效等级的取值范围。 4）依据的能源效率强制性国家标准编号。是否为现行有效版本。 5）能效信息码（二维码）。 6）列入国家能效"领跑者"目录的产品，是否标注能效"领跑者"信息
3	是否伪造、冒用能效标识	扫描能效信息码（二维码）。核对备案信息与标识标注信息是否一致

表 8-10　水效标识标注符合性检查内容

序号	检查项目	检查内容
1	是否按规定粘贴水效标识	1）坐便器、智能坐便器、洗碗机、淋浴器、净水机产品是否粘贴水效标识。 2）水效标识粘贴位置是否符合实施规则要求
2	水效标识的样式规格和内容是否规范	坐便器水效标识是否为绿白背景的彩色标识，规格是否为长66 mm、宽45 mm，内容是否包含：中文名称（中国水效标识）、英文名称、生产者名称或者简称、产品规格型号、水效等级、水效指标、依据的水效强制性国家标准编号、水效信息码等各产品水效标识实施规则要求的内容
3	是否伪造、冒用水效标识	扫描水效信息码核对备案信息与标识标注信息是否一致

四、监督检查工作流程图

1. 能效水效标识标注符合性检查工作流程图

能效水效标识标注符合性检查工作流程图见图 8-2。

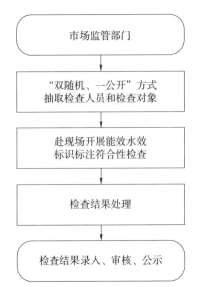

图 8-2　能效水效标识标注符合性检查工作流程图

2. 能效水效符合性检查工作流程图

能效水效符合性检查工作流程图见图 8-3。

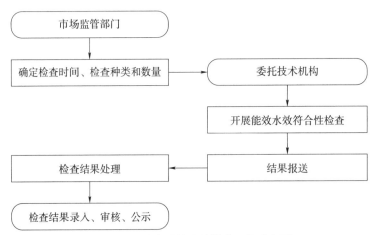

图 8-3　能效水效符合性检查工作流程图

五、法律责任

1.《中华人民共和国节约能源法》相关规定

第七十三条："违反本法规定，应当标注能源效率标识而未标注的，由市场监督管理部门责令改正，处三万元以上五万元以下罚款。

"违反本法规定，未办理能源效率标识备案，或者使用的能源效率标识不符合规定的，由市场监督管理部门责令限期改正；逾期不改正的，处一万元以上三万元以下罚款。

"伪造、冒用能源效率标识或者利用能源效率标识进行虚假宣传的，由市场监督管理部门责令改正，处五万元以上十万元以下罚款；情节严重的，吊销营业执照。"

2.《能源效率标识管理办法》相关规定

第二十五条："生产、进口、销售不符合能源效率强制性国家标准的用能产品，依据《中华人民共和国节约能源法》第七十条予以处罚。"

第二十六条："在用能产品中掺杂、掺假，以假充真、以次充好，以不合格品冒充合格品的，或者进口属于掺杂、掺假，以假充真、以次充好，以不合格品冒充合格品的用能产品的，依据《中华人民共和国产品质量法》第五十条、《中华人民共和国进出口商品检验法》第三十五条的规定予以处罚。"

第二十七条："违反本办法规定，应当标注能效标识而未标注的，未办理能效标识备案的，使用的能效标识不符合有关样式、规格等标注规定的（包括不符合网络交易产品能效标识展示要求的），伪造、冒用能效标识或者利用能效标识进行虚假宣传的，依据《中华人民共和国节约能源法》第七十三条予以处罚。"

第二十八条："违反本办法规定，企业自有检测实验室、第三方检验检测机构在能效检测中，伪造检验检测结果或者出具虚假能效检测报告的，依据《中华人民共和国产品质量法》、《检验检测机构资质认定管理办法》予以处罚。"

第二十九条："从事能效标识管理的国家工作人员及授权机构工作人员，玩忽职守、滥用职权或者包庇纵容违法行为的，依法予以处分；构成犯罪的，依法追究刑事责任。"

3.《水效标识管理办法》相关规定

第二十六条："在用水产品中掺杂、掺假，以假充真、以次充好，以不合格品冒充合格品的，或者进口属于掺杂、掺假，以假充真、以次充好，以不合格品冒充合格品的，利用水效标识进行虚假宣传的，依据《中华人民共和国产品质量法》、《中华人民共和国进出口商品检验法》以及其他法律法规的规定予以处罚。"

第二十七条："违反本办法规定，生产者或者进口商未办理水效标识备案，或者应当办理变更手续而未办理的，予以通报；有下列情形之一的，予以通报，并处一万元以上三万元以下罚款：

（一）应当标注水效标识而未标注的；

（二）使用不符合规定的水效标识的；

（三）伪造、冒用水效标识的。"

第二十八条："违反本办法规定，销售者（含网络商品经营者）有下列情形之一的，予以通报，并处一万元以上三万元以下罚款：

（一）销售应当标注但未标注水效标识的产品的；

（二）销售使用不符合规定的水效标识的产品的；

（三）在网络交易产品信息主页面展示的水效标识不符合规定的；

（四）伪造、冒用水效标识的。"

第二十九条："违反本办法规定，第三方检验检测机构、企业自有检验检测实验室，在水效检验检测中伪造检验检测结果或者出具虚假水效检验检测报告，以及水效能力验证或者比对结果不符合规定的，依据《中华人民共和国产品质量法》《检验检测机构资质认定管理办法》进行处罚，授权机构在一年内不再采信其检验检测结果。"

第三十条："从事水效标识管理的国家工作人员及授权机构工作人员，玩忽职守、滥用职权、包庇放纵违法行为的，依法给予处分；构成犯罪的，依法追究刑事责任。"

第九章

测量数据处理与不确定度

第一节　测量结果数值修约

一、概念

1. 近似数

接近但不等于某一数的数，称为该数的近似数。如圆周率 π=3.141 592 653 58…，其近似数为 3.14；自然对数之底 e=2.718 281 828 45…，其近似数为 2.72。

2. 有效数字

若测量结果经修约后的数值，其修约误差绝对值≤0.5（末位），则该数值称为有效数字，即从左起第一个非零的数字到最末一位数字止的所有数字为有效数字。

3. 有效位数

从左边第一个非零数字算起所有有效数字的个数，即为有效数字的位数，简称有效位数。如 0.002 5 有 2 位有效数字，1.001 000 有 7 位有效数字。对以 $a \times 10^n$ 形式表示的数值，其有效数字的位数由 a 中有效位数来决定，如 2.8×10^7 有 2 位有效数字。

4. 修约间隔

修约值是指"修约值的最小数值单位"，修约保留位数由修约间隔确定。修约间隔一经确定，修约值即为其数值的整数倍。如，指定修约间隔为 0.01，修约值即应在 0.01 的整数倍中选取，相当于修约到小数点后第二位；指定修约间隔为 100，修约值即应在 100 的整数倍中选取，相当于将数值修约到"百"数位。

二、数值修约规则

数值修约按 GB/T 8170—2008《数值修约规则与极限数值的表示和判定》进行。

1. 进舍规则

（1）拟舍弃的数字的最左一位数字小于 5，则舍去，保留其余各位数字不变。

（2）拟舍弃的数字的最左一位数字大于 5，则进 1，即保留数字的末位数字加 1。

（3）拟舍弃的数字的最左一位数字是 5，且其后有非 0 的数字时进 1，即保留数字的末位数字加 1。

（4）拟舍弃的数字的最左一位数字为 5，且其后无数字或皆为 0 时，若所保留的末位数字为奇数（1，3，5，7，9）则进 1，即保留数字的末位数字加 1；若所保留的末位数字为偶数（0，2，4，6，8），则舍去。

【例 1】将下列数修约到小数点后第 3 位（修约间隔为 0.001，或保留 4 位有效数字）。

3.141 499 9　　→ 3.141

3.141 329　　　→ 3.141

3.141 500 1　　→ 3.142

3.140 500 001 → 3.141

3.141 5　　　　→ 3.142

3.142 5　　　　→ 3.142

2. 0.2 单位修约

0.2 单位修约是指按指定修约间隔对拟修约的数值 0.2 单位进行的修约。

0.2 单位修约方法如下：将拟修约的数值 X 乘以 5，按指定修约间隔对 $5X$ 依 "1 进舍规则" 的规定修约，所得数值（$5X$ 修约值）再除以 5。

表 9-1 给出了数字修约到 "百" 数位的 0.2 单位修约（20 修约间隔）示例。

表 9-1　数字修约到"百"数位的 0.2 单位修约示例

拟修约的数值 X	5X	5X 修约值	X 修约值
828	4 140	4 100	820
830	4 150	4 200	840
832	4 160	4 200	840
−842	−4 210	−4 200	−840

3. 0.5 单位修约

0.5 单位修约是指按指定修约间隔对拟修约的数值 0.5 单位进行的修约。

0.5 单位修约方法如下：将拟修约的数值 X 乘以 2，按指定修约间隔对 2X 依"1 进舍规则"的规定修约，所得数值（2X 修约值）再除以 2。

表 9-2 给出了数字修约到"个"数位的 0.5 单位修约（0.5 修约间隔）示例。

表 9-2　数字修约到"个"数位的 0.5 单位修约示例

拟修约的数值 X	2X	2X 修约值	X 修约值
60.18	120.36	120	60.0
60.25	120.50	120	60.0
60.28	120.56	121	60.5
60.38	120.76	121	60.5

第二节　测量结果的计算

一、算术平均值

对某个被测量 x 进行 n 次测量，所得的 n 个测得值 $x_i (i=1, 2, \cdots, n)$ 的代数和除以 n 而得的商，称为算术平均值。即如果有 n 个测得值 $x_1, x_2, \cdots, x_n$，那么

$$\bar{x} = \frac{1}{n}(x_1 + x_2 + \cdots + x_n) = \frac{1}{n}\sum_{i=1}^{n} x_i \qquad （9-1）$$

式中：

$\bar{x}$ ——算术平均值；

n ——测量次数；

x_i ——第 i 个测得值。

【例2】在重复性条件下对某被测量重复测量 5 次，测得值为 0.3，0.4，0.7，0.5，0.9，求其算术平均值。

【解】

$$\bar{x} = \frac{1}{n}(x_1 + x_2 + x_3 + x_4 + x_5) = \frac{1}{5} \times (0.3 + 0.4 + 0.7 + 0.5 + 0.9) = 0.56$$

二、实验标准偏差

重复性是用实验标准偏差表征的。用有限次测量的数据得到的标准偏差的估计值称为实验标准偏差，用符号 s 表示。实验标准偏差是表征测得值分散性的量。

1. 贝塞尔公式

n 次测量中某单个测得值 x_k 的实验标准偏差 $s(x_k)$ 可按贝塞尔公式计算：

$$s(x_k) = \sqrt{\frac{1}{n-1}\sum_{i=1}^{n}(x_i - \bar{x})^2} \tag{9-2}$$

式中：

x_i ——第 i 次测量的测得值；

$\bar{x}$ —— n 次测量所得一组测得值的算术平均值；

n ——测量次数（一般 $n \geqslant 6$）。

【例3】在重复性条件下，对某被测量重复测量 7 次，测得值为 10.4 mm，10.6 mm，10.7 mm，10.1 mm，10.9 mm，10.3 mm，10.2 mm。试算单个测量值实验标准偏差。

$$\bar{x} = \frac{1}{n}(x_1 + x_2 + \cdots + x_n)$$

$$= \frac{1}{n}(10.4 + 10.6 + 10.7 + 10.1 + 10.9 + 10.3 + 10.2)\ \text{mm}$$

=10.46 mm

$$s(x_k) = \sqrt{\frac{1}{n-1}\sum_{i=1}^{n}(x_i-\overline{x})^2} = \sqrt{\frac{1}{7-1}(10.4-10.46)^2+(10.6-10.46)^2+\cdots(10.2-10.46)^2} \text{ mm}$$

=0.29 mm

2. 极差法

对某一被测量 x_i 在重复性条件下作 n 次测量，测量结果为 x_1，x_2，$\cdots$，x_n，测量列中最大测量值 $(x_{i,\ max})$ 与最小测量值 $(x_{i,\ min})$ 之差 R 为

$$R = x_{i,\ max} - x_{i,\ min}$$

因此，得到估计的实验标准偏差为

$$s(x_k) = \frac{1}{C_n}R = \frac{1}{C_n}(x_{i,max} - x_{i,min}) \tag{9-3}$$

式中：

C_n——极差系数，见表9-3。

表 9-3 极差系数 C_n

测量次数 n	2	3	4	5	6	7	8	9	10	15	20
C_n	1.13	1.69	2.06	2.33	2.53	2.70	2.85	2.97	3.08	3.47	3.73

【例4】在重复性条件下，对某被测量重复测量7次的测得值为：10.4 mm，10.6 mm，10.7 mm，10.1 mm，10.9 mm，10.3 mm，10.2 mm。采用极差法计算单个测得值的实验标准偏差。

【解】

$$R = x_{i,\ max} - x_{i,\ min} = 10.9 \text{ mm} - 10.1 \text{ mm} = 0.8 \text{ mm}$$

查极差系数 $C_{w,7}=2.70$

$$s(x_k) = \frac{1}{C_{w,7}}(x_{i,max} - x_{i,min}) = \frac{1}{2.70}\times(10.9-10.1) \text{ mm} = 0.30 \text{ mm}$$

与【例3】计算结果相差 0.29 mm-0.30 mm=0.01 mm。

三、算术平均值的实验标准偏差

若单个测得值的实验标准偏差为 $s(x_k)$，则算术平均值的实验标准偏差 $s(\bar{x})$ 为

$$s(\bar{x}) = \frac{1}{\sqrt{n}} s(x_k) \tag{9-4}$$

【例 5】在重复性条件下，对某被测量重复测量 7 次的测得值为：10.4 mm，10.6 mm，10.7 mm，10.1 mm，10.9 mm，10.3 mm，10.2 mm。试计算算术平均值的实验标准偏差。

【解】

$$s(x_k) = \sqrt{\frac{1}{n-1} \sum_{i=1}^{n} (x_i - \bar{x})^2} = 0.29 \text{ mm}$$

$$s(\bar{x}) = \frac{1}{\sqrt{n}} s(x_k) = \frac{1}{\sqrt{7}} \times 0.29 \text{ mm} = 0.109\,609\,7 \text{ mm} \approx 0.11 \text{ mm}$$

第三节　测量不确定度评定

一、概述

测量不确定度（简称不确定度）是指根据所用到的信息，表征赋予被测量量值分散性的非负参数。

此参数可以是诸如称为标准测量不确定度的标准偏差（或其特定倍数），或是说明了包含概率的区间半宽度。测量不确定度一般由若干分量组成，其中一些分量可根据一系列测量值的统计分布，按测量不确定度的 A 类评定进行评定，并可用标准偏差表征；另一些分量则可根据基于经验或其他信息所获得的概率密度函数，按测量不确定度的 B 类评定进行评定，也用标准偏差表征。

为了表征测得值的分散性，测量不确定度用标准偏差表示。估计的标准偏差

是一个正值，因此不确定度是一个非负的参数。

测量不确定度的评定方法有：GUM 评定方法或 GUM 法（JJF 1059.1—2012《测量不确定度评定与表示》）；蒙特卡洛法或 MCM 法（JJF 1059.2—2012《用蒙特卡洛法评定测量不确定度》）。

1. JJF 1059.1—2012《测量不确定度评定与表示》适用范围

GUM 法适用于各种准确度等级的测量领域，例如：

（1）国家计量基准及各级计量标准的建立与量值比对；

（2）标准物质的定值和标准参考数据的发布；

（3）测量方法、检定规程、检定系统表、校准规范等技术文件的编制；

（4）检验检测资质认定、计量确认、质量认证以及实验室认可中对测量结果及测量能力的表述；

（5）测量仪器的校准、检定以及其他计量服务；

（6）科学研究、工程领域、贸易结算、医疗卫生、安全防护、环境监测、资源保护等领域的测量。

同时也适用于实验、测量方法、测量装置、复杂部件和系统的设计和理论分析中有关不确定度的评估与表示。

2. JJF 1059.1—2012《测量不确定度评定与表示》适用条件

（1）可以假设输入量的概率分布呈对称分布。

（2）可以假设输出量的概率分布近似为正态分布（图 9-1）或 t 分布。

（3）测量模型为线性模型、可以转化为线性的模型或可用线性模型近似的模型。

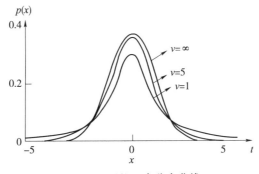

图 9-1 近似正态分布曲线

只有同时满足上述三个条件时，JJF 1059.1—2012《测量不确定度评定与表示》完全适用。

当上述适用条件不能完全满足时，一般采用一些近似或假设的方法处理；GUM 法仍然是测量不确定度评定的最常用的基本方法。

当怀疑这种近似或假设是否合理有效时，若必要和可能，采用 JJF 1059.2—2012《用蒙特卡洛法评定测量不确定度》验证其评定结果。

3. 测量不确定度评定常用的符号

测量不确定度评定常用的符号见表 9-4。

表 9-4　测量不确定度评定常用的符号

名称	符号	说明
输入量 X_i 的估计值 x_i 的标准不确定度	$u(x_i)$	
第 i 个标准不确定度分量	u_i	
相对标准不确定度	u_{rel} 或 u_r	rel ——"相对"的英文字母的缩写
合成标准不确定度	u_c、$u_c(y)$	$u_c(y)$ 为输出估计值 y 的合成标准不确定度
相对合成标准不确定度	u_{crel} 或 u_{cr}	
扩展不确定度	U、U_p	U_p 为提供包含概率为 p 的包含区间的输出估计值 y 的扩展不确定度
相对扩展不确定度	U_{rel} 或 U_r	
扩展不确定度	U_{95} 或 U_{99}	包含概率 p 为 0.95 或 0.99 时的扩展不确定度
相对扩展不确定度	U_{prel} 或 U_{pr}	包含概率为 p 的相对扩展不确定度
包含因子	k、k_p	k_p ——包含概率为 p 时的包含因子
包含概率	p	如，$p = 95\%$，$p = 99\%$
自由度	v、v_i	输入估计值 x_i 的标准不确定度 $u(x_i)$ 的自由度
有效自由度	v_{eff}	eff ——"有效"的英文字母的缩写

二、测量不确定度的来源

不确定度来源可从所使用的测量仪器、测量条件、测量人员、测量方法及被测量等方面综合考虑，即按测量不确定度来源来全面考虑，做到不遗漏、不重复。

在实际测量中，有许多可能导致测量不确定度的来源，例如：

（1）被测量的定义不完整；

（2）被测量定义的复现不理想；

（3）取样的代表性不够，即被测样本不能代表所定义的被测量；

（4）对测量受环境条件的影响认识不足或对环境条件的测量不完善；

（5）模拟式仪器的人员读数的偏移；

（6）测量仪器的计量性能（如最大允许误差、灵敏度、鉴别力、分辨力、死区及稳定性等）的局限性，即导致仪器的不确定度；

（7）测量标准或标准物质提供的标准值的不准确；

（8）引用的常数或其他参数值的不准确；

（9）测量方法和测量程序中的近似和假设；

（10）在相同条件下，被测量重复观测值的变化。

在实际工作中，通常进行独立重复多次测量，可以得到一系列不完全相同的数据，测得值具有一定的分散性，这是由诸多的随机因素影响造成的，这种随机变化常用测量重复性表征，也就是重复性是测量不确定度来源之一。

分析不确定度来源时，除了定义的不确定度外，可从测量仪器、测量环境、测量人员、测量方法及被测对象等方面全面考虑。

三、测量不确定度的评定

根据 JJF 1059.1—2012《测量不确定度评定与表示》，不确定度评定步骤说明如下：

（1）明确被测量，必要时给出被测量的定义及测量过程的简单描述；

（2）分析不确定度的来源并写出测量模型；

（3）评定测量模型中的各输入量的标准不确定度 $u(x_i)$，计算灵敏系数 c_i，从而给出与各输入量相对应的输出量 y 的不确定度分量 $u_i(y)$，$u_i(y)=|c_i|u(x_i)$；

（4）计算合成标准不确定度 $u_c(y)$，计算时应考虑各输入量之间是否存在值得考虑的相关性，对于非线性测量模型则应考虑是否存在值得考虑的高阶项；

（5）列出不确定度分量的汇总表，表中应给出每一个不确定度分量的详细信息；

（6）对被测量的概率分布进行估计，并根据概率分布和所要求的包含概率 p 确定包含因子 k_p；

（7）在无法确定被测量 y 的概率分布时，或该测量领域有规定时，也可以直接取包含因子 $k=2$；

（8）由合成标准不确定度 $u_c(y)$ 和包含因子 k 或 k_p 的乘积，分别得到扩展不确定度 U 或 U_p；

（9）给出测量不确定度时应给出关于扩展不确定度的足够信息。利用这些信息，至少应该使用户能根据所给的扩展不确定度进而评定其测量结果的合成标准不确定度。

通常，GUM 法评定不确定度的流程如图 9-2 所示。

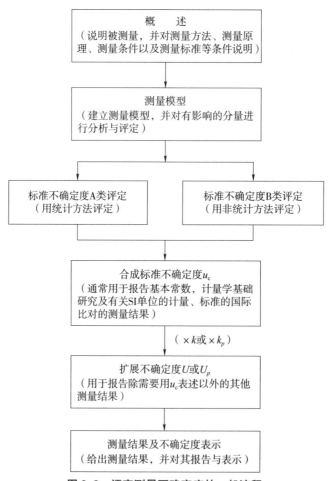

图 9-2 评定测量不确定度的一般流程

1. 测量模型

GUM 法评定不确定度通常是通过测量模型和不确定度传播律来评定。被测量的测量模型是指被测量与测量中涉及的所有已知量间的数学关系。

测量中，当被测量 Y 由其他的 n 个测量值 X_1，X_2，$\cdots$，X_n 通过函数 f 确定时，式（9-5）成为测量模型：

$$Y=f(X_1,\ X_2,\ \cdots,\ X_n) \tag{9-5}$$

式中，大写字母表示量的符号，f 为测量函数的算法符号。

设输入量 X_1，X_2，$\cdots$，X_n 的最佳估计值分别为 x_1，x_2，$\cdots$，x_n，Y 的最佳值为 y，则测量模型可表示为式（9-6）的形式：

$$y=f(x_1,\ x_2,\ \cdots,\ x_n) \tag{9-6}$$

测量模型通常是根据测量原理、测量方法、测量程序或长期的实践经验确定和建立的。被测量为测量模型中输出量，与被测量有关的其他量为测量模型的输入量。输出量 Y 的估计值 y 由各输入量 X_i 的估计值 x_i 按测量模型确定的函数关系 f 计算得到。如，测量某长方体体积 V，需测量长（x_1）、宽（x_2）、高（x_3），则测量长方体体积的测量模型可根据数学公式表示为

$$V=f(x_1,\ x_2,\ x_3)=x_1x_2x_3$$

式中，V 为输出量，x_i 为输入量。

测量模型中输入量可以是当前直接测量的量、由以前测量获得的量、由手册或其他资料得来的量、对被测量有明显影响的量等。

如，测量模型 $R=R_0\left[1+\alpha\,(t-t_0)\right]$ 中，温度 t 是当前直接测量的影响量；t_0 是规定的常量（如 20℃）；R_0 是在 t_0 时测得的电阻值，它可以是以前测量的，也可以由测量标准检定 / 或校准时给出的值；温度系数 α 是从手册中查到的。

当被测量 Y 由直接测量得到，且写不出各影响量与测得值的函数关系时，被测量的测量模型为 $Y=X$。在简单的直接测量中测量模型可以简单到 $Y=X$（各种影响测量不确定度的因素忽略不计）。如，用电子秒表测量时间，被测时间的测得值 y 是电子秒表的示值 x，其测量模型为 $y=x$。

若考虑到影响因素，则测量模型可写为

$$y=x+\Delta_1+\Delta_2$$

式中，Δ_1、Δ_2 为数学期望一般为"0"或接近于"0"的影响量，即 $\Delta_1 \approx 0$、$\Delta_2 \approx 0$，但 Δ_1、Δ_2 的测量不确定度不为"0"。如，环境条件影响、电源电压变化的影响、标准器放置位置的影响、人员读数的影响、采用近似方法所产生的误差影响等与测量不确定度评定有影响的因素。

2. 评定输入量的标准不确定度

确定了不确定度分量来源后，通过测量得到的数据或根据经验数据计算其标准不确定度分量。在评定输入量的标准不确定度时，可采用测量不确定度的 A 类评定或测量不确定度的 B 类评定。

测量不确定度的 A 类评定（简称 A 类评定）是指"对在规定测量条件下测得的量值用统计分析的方法进行的测量不确定度分量的评定"。测量不确定度的 B 类评定（简称 B 类评定）是指"用不同于测量不确定度 A 类评定的方法对测量不确定度分量进行的评定"。测量不确定度评定方法分为 A 类评定和 B 类评定的目的，在于说明评定输入量的标准不确定度分量的两种不同途径，仅仅是便于研究而已，并非表明两种计算方法得到的分量本质上存在着差异。两种计算方法均基于概率分布，用任何一种方法得到的不确定度分量都可用标准偏差 / 或方差来定量。

不确定度一般有标准不确定度的 A 类评定与标准不确定度的 B 类评定。但不是所有的不确定度评定一定包括有 A 类评定与 B 类评定。有的是 A 类评定、有的是 B 类评定、有的可能包括 A 类评定与 B 类评定。

（1）标准不确定度的 A 类评定

测量不确定度的 A 类评定，是在重复性测量条件、期间精密度测量条件或复现性测量条件等"规定测量条件"下进行。

标准不确定度的 A 类评定流程见图 9-3。

【例 6】对某 1Ω 标准电阻重复测量 9 次，测量得值为 1.003，1.004，1.003，1.003，1.002，1.003，1.004，1.003，1.002（单位：Ω），求被测量估计值的测量不确定度。

【解】用"贝塞尔公式法"计算：

$$s(x_i)= \sqrt{\frac{1}{(n-1)}\sum(x_i-\bar{x})^2} =7.07\times10^{-4}\ \Omega$$

$$u(x_i)=s(x_i)=7.07\times10^{-4}\ \Omega$$

$$u(\bar{x})=s(\bar{x})=\frac{s(x_i)}{\sqrt{n}}=2.36\times10^{-4}\ \Omega$$

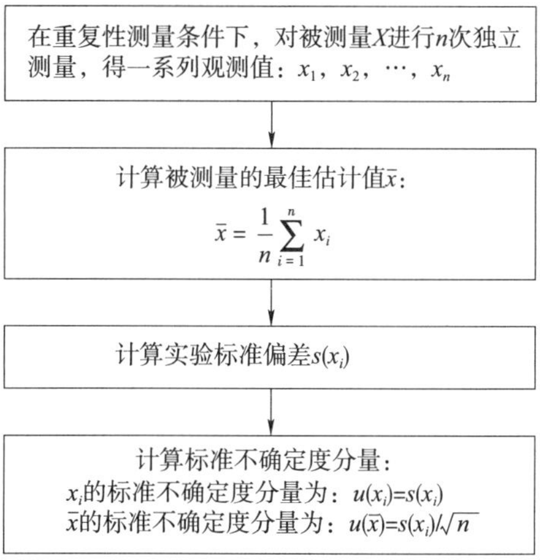

在重复性测量条件下，对被测量X进行n次独立测量，得一系列观测值：x_1，x_2，…，x_n

计算被测量的最佳估计值$\bar{x}$:
$$\bar{x}=\frac{1}{n}\sum_{i=1}^{n}x_i$$

计算实验标准偏差$s(x_i)$

计算标准不确定度分量：
x_i的标准不确定度分量为：$u(x_i)=s(x_i)$
$\bar{x}$的标准不确定度分量为：$u(\bar{x})=s(x_i)/\sqrt{n}$

图 9-3　标准不确定度的 A 类评定流程图

（2）标准不确定度的 A 类评定的自由度计算

自由度反映了相应实验标准偏差的可靠程度。在方差的计算中，和的项数减去对和的限制数即为自由度。

①在重复性条件下，用 n 次独立测量确定一个被测量时，用贝塞尔公式估计实验标准偏差 s 时，自由度 $v=n-1$。

②当用测量所得的 n 组数据按最小二乘法拟合的校准曲线确定 t 个被测量时，自由度 $v=n-t$。

③极差法估计实验标准偏差 s 时，自由度 v 见表 9-5。

表 9-5　极差法估计实验标准偏差时的自由度 v

n	2	3	4	5	6	7	8	9
v	0.9	1.8	2.7	3.6	4.5	5.3	6.0	6.8

④ 在规范化的常规测量或统计控制中，对于重复性条件都一样的 m 组测量

的合并样本标准偏差，当每组实验标准偏差 s_i 的自由度均为 v_0 时，其自由度为

$v=mv_0$；当每组测量次数都不一样时，其自由度为 $v = \sum\limits_{i=1}^{m} v_i$。

（3）标准不确定度的 B 类评定

B 类标准不确定度的评定主要目的是求"合成标准不确定度"，而"合成标准不确定度"是以"标准不确定度"为基础进行合成的。

当被测量的估计值不是由重复观测得到时，标准偏差无法由 A 类评定得到，只能根据对 x 的可能变化的有关信息或资料进行评定。统计中是以先验条件推论，如贝叶斯统计推断来估计概率，一般凭经验数据或进行必要的试验获得其信息。

B 类评定的方法是根据有关的信息或经验，判断被测量的可能值区间 $[\bar{x} - a,$ $\bar{x} + a]$，假设被测量值在区间内的概率分布，根据概率分布和要求的概率 p 估计 k，则 B 类标准不确定度 u_B 可由式（9-7）得到

$$u_B = \frac{a}{k} \qquad\qquad (9\text{-}7)$$

式中：

a——被测量可能值区间的半宽度；

k——包含因子。

B 类标准不确定度的评定流程见图 9-4。

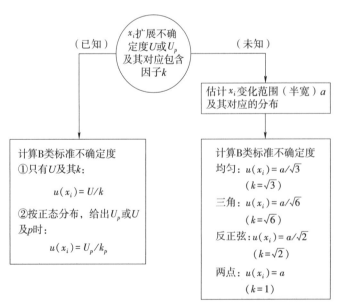

图 9-4　标准不确定度 B 类评定流程图

（4）k 值的确定

a）已知扩展不确定度是合成标准不确定度的若干倍时，该倍数就是包含因子 k 值。

b）假设为正态分布时，根据要求的概率查表 9-6 得到 k 值。

表 9-6　正态分布情况下概率 p 与 k 间的关系

p	0.50	0.68	0.90	0.95	0.954 5	0.99	0.997 3
k	0.675	1	1.645	1.960	2	2.576	3

c）假设为非正态分布时，根据概率分布查表 9-7 得到 k 值。

表 9-7　常用非正态分布时的 k 值

概率分布	均匀分布	反正弦分布	三角分布	梯形分布	两点分布
k（$p=100\%$）	$\sqrt{3}$	$\sqrt{2}$	$\sqrt{6}$	$\sqrt{6}/\sqrt{(1+\beta^2)}$	1

注：β 为梯形的上底与下底之比，对于梯形分布来说，$k=\sqrt{6/(1+\beta^2)}$。当 β 等于 1 时，梯形分布变为矩形分布；当 β 等于 0 时，变为三角分布。

d）当明确指出两次测量结果之差的重复性限 s_r 或复现性限 s_R，如无特殊说明，则 $u(x_i)=s_r/2.83$ 或 $u(x_i)=s_R/2.83$。

【例 7】如果数字显示仪器的分辨力为 δ_x，由分辨力导致的标准不确定度分量 $u(x)$ 采用 B 类评定。

【解】分辨力为 δ_x，则区间半宽度为 $a=\delta_x/2$，可假设为均匀分布，查表得 $k=\sqrt{3}$，由分辨力导致的标准不确定度 $u(x)$ 为

$$u(x) = \frac{a}{k} = \frac{\delta_x}{2\sqrt{3}} = 0.29\delta_x$$

【例 8】某检定证书上标出标称值为 1 kg 的砝码质量 $m=1\ 000.000\ 32$ g，并提供扩展不确定度 $U=0.24$ mg，$k=3$。求该砝码的标准不确定度。

【解】$u(m) = U/k = 0.24$ mg$/3=0.08$ mg

【例 9】从手册中查出纯铜在 20℃时的线膨胀系数值 $\alpha_{20}(\mathrm{Cu}) = 16.52 \times 10^{-6}$ ℃$^{-1}$，并说明此值的误差不超过 $\pm 0.40 \times 10^{-6}$ ℃$^{-1}$，求 $\alpha_{20}(\mathrm{Cu})$ 的标准不确定度。

【解】依据经验假设 α 值以等概率落在区间内，即均匀分布，查表得 $k=\sqrt{3}$。铜的线膨胀系数的标准不确定度为

$$u(\alpha_{20})=0.40 \times 10^{-6}\ ℃^{-1}/\sqrt{3}=0.23 \times 10^{-6}\ ℃^{-1}$$

【例 10】在手册中给出了黄铜在 20℃时线膨胀系数值 $\alpha_{20}=16.52 \times 10^{-6}\ ℃^{-1}$，其最小可能值是 $16.40 \times 10^{-6}\ ℃^{-1}$，最大可能值是 $16.92 \times 10^{-6}\ ℃^{-1}$，求线膨胀系数的标准不确定度。

【解】由手册中给出的信息知道是一个不对称区间，$a^-=16.40 \times 10^{-6}\ ℃^{-1}$，$a^+=16.92 \times 10^{-6}\ ℃^{-1}$，对 α_{20} 进行修正，修正后区间的半宽度：

$$a=(a^--a^+)/2=(16.92-16.40) \times 10^{-6}\ ℃^{-1}/2=0.26 \times 10^{-6}\ ℃^{-1}$$

按均匀分布考虑，则 $k=\sqrt{3}$，则黄铜的线膨胀系数的标准不确定度为

$$u(\alpha_{20})=0.26 \times 10^{-6}\ ℃^{-1}/\sqrt{3}=0.15 \times 10^{-6}\ ℃^{-1}$$

（5）B 类不确定度分量的自由度计算

B 类不确定度分量的自由度与所得到的标准不确定度 $u(x_i)$ 的相对不确定度 $\sigma[u(x_i)]/u(x_i)$ 有关。根据经验，按所依据的信息来源的不可信程度来判断 $u(x_i)$ 的标准不确定度，推算出比值，可按式（9-8）来计算自由度：

$$v_i = \frac{1}{2}\left\{\frac{\sigma[u(x_i)]}{u(x_i)}\right\}^{-2} \tag{9-8}$$

【例 11】根据有关信息估计 $u(x_i)$ 的计算值的可靠性为 75%，试估计其自由度。

【解】根据有关信息估计 $u(x_i)$ 的计算值的可靠性为 75%，其不可靠程度为 1-75%=25%，即 $u(x_i)$ 的相对不确定度为 25%，则

$$v_i=0.25^{-2}/2=8。$$

将不同可靠程度按式（9-8）计算出的 v_i 列于表 9-8。

表 9-8　自由度 v_i 与 $\sigma[u(x_i)]/u(x_i)$ 的关系

$u(x_i)$ 的相对不确定度	0	10%	20%	25%	30%	40%	50%
自由度 v_i	∞	50	12	8	6	3	2

3. 合成标准不确定度的评定

测量结果的总的不确定度称为合成标准不确定度，表示为 u_c，合成标准不确定度是用不确定度传播律计算出的标准偏差估计值，等于对所有的方差和协方差分量求和后得到的总方差的正平方根。

（1）合成标准不确定度的评定

合成标准不确定度是指"由在一个测量模型中各输入量的标准测量不确定度获得的输出量的标准测量不确定度。"

当被测量的估计值 y 的数学模型为线性函数 $y=f(x_1，x_2，\cdots，x_N)$ 时，y 的合成标准不确定度 $u_c(y)$ 按式（9-9）计算，此式称为"不确定度传播律"。

$$u_c(y) = \sqrt{\sum_{i=1}^{N}\left[\frac{\partial f}{\partial x_i}\right]^2 u^2(x_i) + 2\sum_{i=1}^{N-1}\sum_{j=i+1}^{N}\frac{\partial f}{\partial x_i}\frac{\partial f}{\partial x_j}r(x_i,x_j)u(x_i)u(x_j)} \tag{9-9}$$

式中：

y ——输出量的估计值；

x_i，y_j ——输入量的估计值，$i \neq j$；

N ——输入量的数量；

$\dfrac{\partial f}{\partial x_i}$，$\dfrac{\partial f}{\partial x_j}$ ——偏导数，又称灵敏系数，可表示为 c_i，c_j；

$u(x_i)$，$u(x_j)$ ——输入量 x_i 和 x_j 的标准不确定度；

$r(x_i，x_j)$ ——输入量 x_i 和 x_j 的相关系数估计值；

$r(x_i，x_j)u(x_i)u(x_j) = u(x_i，x_j)$ ——输入量 x_i 和 x_j 的协方差估计值。

在测量模型中输入量相关的情况下，计算合成标准不确定度时必须考虑协方差。

合成标准不确定度主要用于基础计量学研究、基本物理常量测量、复现国际单位制单位的国际比对（根据有关国际规定，亦可能采用 $k = 2$ 的扩展不确定度）。

$u_c(y)$ 取决于 x_i 的标准不确定度 $u(x_i)$ 即将 $u(x_i)$ 按不确定度传播律合成，所得合成标准不确定度 u_c 就是 y 的标准不确定度 $u_c(y)$。合成标准不确定度的计算流程见图 9-5。

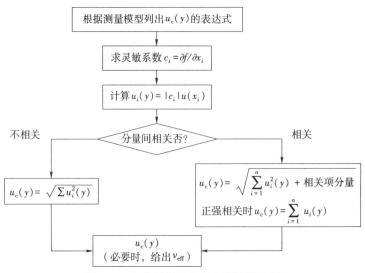

图 9-5　合成标准不确定度的计算流程

（2）各输入量间不相关时，其合成标准不确定度的计算

a）当测量模型为 $Y=A_1X_1+A_2X_2+\cdots+A_NX_N$，且各输入量间不相关时，合成标准不确定度可用式（9-10）计算：

$$u_c(y) = \sqrt{\sum_{i=1}^{N} A_i^2 u^2(x_i)} \qquad (9\text{-}10)$$

b）当测量模型为 $Y = AX_1^{P_1}X_2^{P_2}\cdots X_N^{P_N}$，且各输入量间不相关时，
合成标准不确定度可用式（9-11）计算：

$$u_c(y)/\left|y\right| = \sqrt{\sum_{i=1}^{N}[P_i u(x_i)/x_i]^2} = \sqrt{\sum_{i=1}^{N}[P_i u_r(x_i)]^2} \qquad (9\text{-}11)$$

当测量模型为 $Y=AX_1X_2\cdots X_N$，且各输入量间不相关时，式（9-11）变为式（9-12）：

$$u_c(y)/\left|y\right| = \sqrt{\sum_{i=1}^{N}[u(x_i)/x_i]^2} \qquad (9\text{-}12)$$

只有在测量函数是各输入量的乘积时，才可由输入量的相对标准不确定度计算输出量的相对标准不确定度。

（3）有效自由度的计算

合成标准不确定度 $u_c(y)$ 的自由度称为有效自由度 ν_{eff}。在以下情况下需要计算有效自由度 ν_{eff}：

1）当需要评定 U_p 时为求得 k_p 而必须计算 $u_c(y)$ 的有效自由度 ν_{eff}；

2）当用户为了解所评定的不确定度的可靠程度而提出要求时。

当各分量间相互独立且输出量接近正态分布或 t 分布时，合成标准不确定度的有效自由度通常可按韦尔奇－萨特思韦特（Welch-Satterthwaite）公式［式（9-13）］计算，且 $\nu_{eff} \leqslant \sum\limits_{i=1}^{N} \nu_i$。

$$\nu_{eff} = \frac{u_c^4(y)}{\sum\limits_{i=1}^{N} \dfrac{u_i^4(y)}{\nu_i}} \tag{9-13}$$

当测量模型为 $Y = AX_1^{P_1} X_2^{P_2} \cdots X_N^{P_N}$ 时，有效自由度可用相对标准不确定度的形式计算，见式（9-14）：

$$\nu_{eff} = \frac{[u_c(y)/y]^4}{\sum\limits_{i=1}^{N} \dfrac{[P_i u(x_i)/x_i]^4}{\nu_i}} \tag{9-14}$$

实际计算中，得到的有效自由度 ν_{eff} 如果不是整数，应将 ν_{eff} 的数字舍去小数部分取整。

【例12】在测长机上测量某轴的长度，测量结果为 40.001 0 mm，经不确定度分析与评定，各项不确定度来源及标准不确定度为：

（1）读数的标准偏差，由指示仪的 7 次读数的数据求得的重复性为 0.17 μm；

（2）测长机主轴不稳定性，由实验数据（测量 106 次）求得其实验标准偏差为 0.10 μm；

（3）测长机标尺不准，根据校准证书的信息，其标准不确定度为 0.05 μm；

（4）温度的影响，根据轴材料温度系数的有关信息评定，可靠程度为 50%，其标准不确定度为 0.05 μm。

以上各分量彼此独立。求该轴测量结果的合成标准不确定度。

【解】把各不确定度分量列入表 9-8 中。合成标准不确定度：

$$u_c = \sqrt{u_1^2 + u_2^2 + u_3^2 + u_4^2} = \sqrt{s_1^2 + s_2^2 + u_3^2 + u_4^2}$$

$$= \sqrt{(0.17\ \mu m)^2 + (0.10\ \mu m)^2 + (0.05\ \mu m)^2 + (0.05\ \mu m)^2} = 0.21\ \mu m$$

表 9-9 合成标准不确定度计算表

序号	不确定度分量			自由度	
	来源	符号	$u_i/\mu m$	符号	数值
1	读数重复性	$u_1 = s_1$	0.17	v_1	6
2	测长机主轴不稳定性	$u_2 = s_2$	0.10	v_2	5
3	测长机标尺不准	u_3	0.05	v_3	∞
4	温度影响	u_4	0.05	v_4	2
合成标准不确定度：$u_c = 0.21\ \mu m$					

有效自由度 v_{eff}：

$$v_{eff} = \frac{u_c^4(y)}{\sum u_i^4 / v_i} = \frac{(0.21)^4}{\dfrac{(0.17\ \mu m)^4}{6} + \dfrac{(0.10\ \mu m)^4}{5} + \dfrac{(0.05\ \mu m)^4}{\infty} + \dfrac{(0.05\ \mu m)^4}{2}} = 11.98$$

取 $v_{eff} = 11$。

【例 13】设 $Y = f(X_1, X_2, X_3) = bX_1 X_2 X_3$，其中 X_1，X_2，X_3 的估计值 x_1，x_2，x_3 分别是 n_1，n_2，n_3 次测量的算术平均值，$n_1 = 10$，$n_2 = 5$，$n_3 = 15$。它们的相对标准不确定度分别为：$u(x_1)/x_1 = 0.25\%$，$u(x_2)/x_2 = 0.57\%$，$u(x_3)/x_3 = 0.82\%$。求 Y 的估计值 y 的合成标准不确定度的有数自由度。

【解】

$$\frac{u_c(y)}{y} = \sqrt{\sum_{i=1}^{N} [P_i u(x_i)/x_i]^2} = \sqrt{\sum_{i=1}^{N} [u(x_i)/x_i]^2} = 1.03\%$$

$$v_{eff} = \frac{1.03^4}{\dfrac{0.25^4}{10-1} + \dfrac{0.57^4}{5-1} + \dfrac{0.82^4}{15-1}} \approx 19.0$$

取 $v_{eff} = 19$。

4. 扩展不确定度的确定

扩展不确定度是指"合成不确定度与一个大于 1 的数字因子的乘积",即用合成标准不确定度 u_c 乘上包含因子 k 得到扩展不确定度 U,其用途是提供测量结果的一个区间,期望被测量以较高的包含水平落在此区间内。

1）选取包含概率 p,查表得 k_p,计算 U_p

扩展不确定度：$U_p = k_p u_c$ （9-15）

相对扩展不确定度：$U_{prel} = k_p u_{crel}$ （9-16）

选取包含概率 p,按有效自由度 v_{eff},查"t 分布在不同概率 p 与自由度 v 时的 $t_p(v)$ 值表"得 k_p,并根据"合成标准不确定度（u_c）"。当 p 为 0.95 或 0.99 时,分别表示为 U_{95} 和 U_{99}。

如果可以确定 Y 可能值的分布不是正态分布,而是接近于其他某种分布,则不应按 $k_p = t_p(v_{eff})$ 计算 U_p。

例如：Y 可能值近似为矩形分布,取 p=0.95 时 k_p=1.65；取 p=0.99 时 k_p=1.71；取 p=1 时 k_p=1.73。

2）选取包含因子 k,计算 U

扩展不确定度：$U = k u_c$ （9-17）

相对扩展不确定度：$U_{rel} = k u_{crel}$ （9-18）

k 一般取 2 或 3,根据合成标准不确定度（u_c）确定扩展不确定度 U。

当 y 和 $u_c(y)$ 所表征的概率分布近似为正态分布时,且 $u_c(y)$ 的有效自由度 $(v_{eff}>10)$ 较大情况下,若 k=2,则由 U=2u_c 所确定的区间具有的包含概率约为 95%。若 k=3,则由 U=3u_c 所确定的区间具有的包含概率约为 99%。

在通常的测量中,一般取 k=2。当取其他值时,应说明其来源。当给出扩展不确定度 U 时,一般应注明所取的 k 值；若未注明 k 值,则指 k=2。

当涉及工业、商业及健康和安全方面的测量时,如果没有特殊要求,一律报告扩展不确定度 U,一般取 k=2。

【例 14】在环境温度为 20℃下,用游标卡尺直接测量标准值为 50 mm 的圆柱形工件的直径,测量 12 次。（工件和卡尺随温度变化、工件的圆度等对测量值的影响均可忽略不计）。各不确定度分量及自由度计算结果见表 9-10。

表 9-10　例 14 不确定度计算表

序号	标准不确定度			自由度	
	不确定度来源	符号	u/mm	符号	数值
1	游标卡尺的本身存在误差	u_1	0.011 5	v_1	∞
2	测量的重复性	u_2	0.005 63	v_2	11
说明	$u_c(y) = 0.012\,8$ mm，$v_{eff} = 293$。				

由表 9-10 中的数据，求测长机的测量轴的扩展不确定度。

【解】

取包含概率 p=95%，查 t 分布临界值表，包含因子 k_p=$t_{0.95}(11)$=2.20。

扩展不确定度：

U_{95}=$k_p u_c(y)$ = 2.20 × 0.210 μm=0.46 μm，取 U_{95}=0.5 μm，v_{eff}= 11。

或直接采用 k=2，

$$U=k \cdot u_c(y) = 2 \times 0.210 \text{ μm}=0.42 \text{ μm}$$

第四节　测量结果及其不确定度的表示

测量结果包含被测量的最佳估计值与测量不确定度。给出测量结果时，可根据有关的计量检定规程或技术规范加以明确，应尽可能详细，以便使用时可以正确地利用。

一、测量不确定度报告应提供的信息

当用扩展不确定度 U 或 U_p 报告测量结果时，应：

（1）明确说明被测量 Y 的定义；

（2）给出被测量 Y 的估计值 y 及其扩展不确定度 U 或 U_p，包括计量单位；

（3）必要时也可给出相对扩展不确定度 U_{rel} 或 U_{prel}；

（4）对 U 应给出 k 值，对 U_p 应给出 p 和 v_{eff}。

二、测量不确定度报告与表示

不确定度单独表示时，不要加"±"号．例如：u_c=0.1 mm 或 U=0.2 mm，不应写成 u_c= ± 0.1 mm 或 U= ± 0.2 mm。

1. 用合成标准不确定度来报告测量结果

如，标准砝码的质量为 m_s，其被测量的估计值为 100.010 5 g，合成标准不确定度 $u_c(m_s)$ 为 0.3 mg。

其测量结果表示为：

m_s=100.010 5 g，$u_c(m_s)$=0.3 mg。

2. 用扩展不确定度 U 来报告测量结果

例如，$u_c(y)$=0.35 mg，取包含因子 $k = 2$，$U = 2 \times 0.35$ mg = 0.70 mg，则报告为：

a）$m_s = 100.021\,47$ g，$U = 0.70$ mg；$k = 2$。

b）$m_s = (100.021\,47 \pm 0.000\,70)$ g；$k = 2$。

c）$m_s = 100.021\,47(70)$ g；括号内为 k=2 时的 U 值，其末位与前面结果的末位数对齐。

d）$m_s = 100.021\,47(0.000\,70)$ g；括号内为 k=2 时的 U 值，与前面结果有相同计量单位。

3. 用扩展不确定度 U_p 来报告测量结果

例如 $u_c(y) = 0.35$ mg，$v_{eff} = 9$，按 $p = 95\%$，查得 $k_p = t_{95}(9) = 2.26$，U_{95}=2.26 × 0.35 mg = 0.79 mg，则报告为：

a）$m_s = 100.021\,47$ g，$U_{95} = 0.79$ mg；$v_{eff} = 9$。

b）$m_s = (100.021\,47 \pm 0.000\,79)$ g，$v_{eff} = 9$，括号内第二项为 U_{95} 之值。

c）$m_s = 100.021\,47(79)$ g，$v_{eff} = 9$，括号内为 U_{95} 之值，其末位与前面结果内末位数对齐。

d）$m_s = 100.021\,47(0.000\,79)$ g，$v_{eff} = 9$，括号内为 U_{95} 之值，与前面结果有相同计量单位。

当给出扩展不确定度 U_p 时，推荐以下说明方式，例如：m_s=(100.021 47 ± 0.000 79)g，式中正负号后的值为扩展不确定度 $U_{95} = k_{95}u_c$，其中，合成标准不确定度 $u_c(m_s) = 0.35$ g，自由度 $\nu_{eff} = 9$，包含因子 $k_p = t_{95}(9) = 2.26$，从而具有包含概率为 95% 的包含区间。

参考文献

［1］中国计量测试学会 . 一级注册计量师基础知识及专业实务 [M]. 第 5 版 . 北京：中国质量标准出版传媒有限公司，2022.

［2］陆渭林 . 计量技术与管理工作指南 [M]. 北京：机械工业出版社，2018.

［3］全国法制计量管理计量技术委员会 . JJF 1033—2023《计量标准考核规范》实施指南 [M]. 北京：中国质量标准出版传媒有限公司，2023.

［4］国家市场监督管理总局计量司 . 计量法律法规：2023 版 [M]. 北京：中国质量标准出版传媒有限公司，2023.

［5］卜雄洙，洙丽，吴健 . 计量学基础 [M]. 北京：清华大学出版社，2018.

［6］赵军，郭天太 . 计量技术基础 [M]. 北京：清华大学出版社，2017.

［7］林景星，陈丹英 . 计量基础知识 [M]. 第 3 版 . 北京：中国质检出版社，2015.

［8］黄耀文 . 一级注册计量师职业资格考试大纲、习题及案例详解：2022 版 [M]. 北京：中国质量标准出版传媒有限公司，2022.